电磁频谱战科普系列丛书

网络化协同电子战

电磁频谱战体系破击的基石

张春磊　王一星　陈柱文　著
杨小牛　陆安南　潘高峰　审校

国防工业出版社

·北京·

内 容 简 介

本书从基本原理、典型项目与系统、发展历程、未来发展趋势、打造电子战杀伤网等方面对网络化协同电子战进行了描述，全书架构如下。原理篇主要阐述了网络中心战理念为电子战领域带来的能力提升，以及 link 11、link 22、link 16、TTNT、NCCT 等数据链在网络化协同电子战领域的应用。纪传篇主要以虚拟作战场景的方式描述了"狼群"、小型空射诱饵、空射效应器、舷外电子战系统、"小精灵"、"舒特"、"复仇女神"等系统的网络化协同作战运用过程。编年篇对上述系统的发展过程进行了描述，并在此基础上对网络化协同电子战的发展进行了代际划分。未来篇主要从"马赛克战"、决策中心战、算法博弈等角度对网络化协同电子战的未来发展趋势进行了展望。终篇从杀伤网角度阐述了网络化协同电子战的最终目标，即，打造电子战杀伤网。

本书可供从事电子战研究的研究人员、技术人员、在校师生阅读，也可供对电子战领域感兴趣的人员阅读。

图书在版编目（CIP）数据

网络化协同电子战：电磁频谱战体系破击的基石／张春磊，王一星，陈柱文著 . —北京：国防工业出版社，2023.7

（电磁频谱战科普系列丛书）

ISBN 978-7-118-13029-4

Ⅰ.①网… Ⅱ.①张… ②王… ③陈… Ⅲ.①电子战—研究 Ⅳ.① E919

中国国家版本馆 CIP 数据核字（2023）第 108863 号

※

国防工业出版社 出版发行

（北京市海淀区紫竹院南路 23 号　邮政编码 100048）
雅迪云印（天津）科技有限公司印刷
新华书店经售

＊

开本 710×1000　1/16　印张 16¾　字数 221 千字
2023 年 7 月第 1 版第 1 次印刷　印数 1—5000 册　定价 80.00 元

（本书如有印装错误，我社负责调换）

国防书店：（010）88540777　　　书店传真：（010）88540776
发行业务：（010）88540717　　　发行传真：（010）88540762

编审委员会

主　　　任　王沙飞
常务副主任　杨　健　欧阳黎明
顾　　　问　包为民　吕跃广　杨小牛　樊邦奎　孙　聪
　　　　　　刘永坚　范国滨　苏东林　罗先刚
委　　　员　（以姓氏笔画排序）
　　　　　　王大鹏　朱　松　刘玉超　吴卓昆　张春磊
　　　　　　罗广成　徐　辉　郭兰图　蔡亚梅
总　策　划　王京涛　张冬晔

编辑委员会

主　　　编　杨　健
副　主　编　（以姓氏笔画排序）
　　　　　　朱　松　吴卓昆　张春磊　罗广成　郭兰图
　　　　　　蔡亚梅
委　　　员　（以姓氏笔画排序）
　　　　　　丁　凡　丁　宁　王　凡　王　瑞　王一星
　　　　　　王天义　方　旖　邢伟宁　全寿文　许鲁彦
　　　　　　牟伟清　李雨倩　严　牧　肖德政　张　琳
　　　　　　张江明　张树森　陈柱文　单中尧　秦　臻
　　　　　　黄金美　葛云露

丛书序

在现代军事科技的不断推动下，各类电子信息装备数量呈指数级攀升，分布在陆海空天网等不同域中。如何有效削弱军用电子信息装备的作战效能，已成为决定战争胜负的关键，一方面我们需要让敌方武器装备"通不了、看不见、打不准"，另一方面还要让己方武器装备"用频规范有序、行动高效顺畅、效能有效发挥"，这些行动贯穿于战争始终、决定战争胜负。在这一点上，西方军事强国与学术界都有清晰的认识。

电磁频谱是无界的，一台电子干扰机发射干扰敌人的电磁波，影响敌人的同时也会影响我们自己，在有限的战场空间中如果出现众多的电子干扰机、雷达、电台、导航等设备，不进行有效管理肯定会出乱子。因此，未来战争中，需要具备有效管理电磁域的能力，才能更加有效的发挥电磁攻击的效能，更好地满足跨域联合的体系作战要求。

在我们策划这套丛书的过程中，为丛书命名是一大难题，美军近几十年来曾使用或建议过以"电子战""电磁战""电磁频谱战""电磁频谱作战"等名称命名过这个"看不见、摸不着"的作战域。虽然在美国国防部在2020年发布的《JP 3-85：联合电磁频谱作战》明确提出用"电磁战"代替原"电子战"的定义，而我们考虑在本套丛书中只介绍"利用电磁能和定向能来控制电磁频谱或攻击敌人的军事行动。"是不全面的，也限制了本套丛书的外延。

因此，我们以美国战略与预算评估中心发布的《电波制胜：重拾美国在电磁频谱领域的主宰地位》中提出的"电磁频谱战"的概念命名，这样一方面更能体现电子战的发展趋势，另一方面也能最大程度的拓宽本套丛书的外延，在电磁频谱领域的所有作战行动都是本套丛书讨论的范围。

本系列丛书共策划了6个分册，包括《电磁频谱管理：无形世界的守护者》《网络化协同电子战：电磁频谱战体系破击的基石》《光电对抗：矛与盾的生死较量》《电子战飞机：在天空飞翔，在电磁空间战斗》《电子战无人机：翱翔蓝天的孤勇者》《太空战：战略制高点之争》。丛书具有以下几个特点：①内容全面——对当前电磁频谱作战领域涉及的前沿技术发展、实际战例、典型装备、频谱管理、网络协同等方面进行了全面介绍，并且从作战应用的角度对这些技术方法进行了再诠释，帮助读者快速掌握电子战领域核心问题概念与最新进展，形成基本认知储备。②图文并茂——每个分册以图文形式描述了现代及未来战争中已经及可能出现的各种武器装备，每个分册图书内容各有侧重点，读者可以相互印证的全面了解现代电磁频谱技术。③浅显易懂——在追求编写内容严谨、科学的前提下，抛开电磁频谱领域复杂的技术实现过程，与领域内出版的各种教材、专著不同，丛书的内容不需要太高的物理及数学功底，初中文化水平即可轻松阅读，同时各个分册都更具内容设计了一个更贴近大众视角的、更生动形象的副书名。

电磁频谱战作为我军信息化条件下威慑和实战能力的重要标志之一，虽路途遥远，行则将至，同仁须共同努力。为便于国内相关单位以及军事技术爱好者、初学者及时掌握电磁频谱战新理论和该领域最新研究成果，我们出版了此套系列图书。本书对我们了解掌握国际电磁频谱战的研究现状，深刻认识当今电磁域的属性与功能作用，重新审视电磁斗争的本质、共用和运用方式，确立正确的战场电磁观，具有正本清源的意义，也是全军开展电磁空间作战理论、技术和应用研究的重要牵引与支撑，对于构建我军电磁频谱作战理论研究体系具有重要的参考价值。

也希望本套丛书的出版能使全民都能增强电磁频谱安全防护意识，让民众深刻意识到，电磁频谱空间安全是我们各行各业都应重点关注的焦点。

2022年12月

自　序

"山水"
——写在《网络化协同电子战》之前

我一直以来就想写一本有关"网络化电子战"方面的书，无论是学术专著，还是科普书，都可以。这甚至成了一种执念。尽管电子战领域有很多发展趋势、很多新概念（如软件化电子战、认知化电子战、网电一体战、电磁机动战，乃至最近炙手可热的电磁频谱作战），但这些都没有如"网络化协同电子战"那样让人梦寐萦怀。

之所以如此，是因为在美军提出网络中心战理念后没多久（大概是 2005 年），我的师父李群英先生就已经牵头对网络中心电子战系统概念、应用机理、关键技术等进行了系统研究，这也是他引以为豪的成果之一。然而，由于当时网络中心战理念刚刚提出，很多人尚未意识到其在电子战领域的重要价值，导致这份研究在当时未得到广泛肯定，无论是对师父而言，还是对我个人而言，都可谓一大憾事。

现在，师父已退休多年，我也借助多个课题、项目对网络化电子战进行了多方面研究，多年一直未曾间断，并且已形成一些个人的观点和想法。既为了弥补遗憾，也为了对这些年不曾放弃的研究做个阶段总结，我终于决定提笔。

然而，就如同 2005 年一样，当前要想以科普的方式向读者讲清楚"网络化协同电子战"——基于网络中心战理念的电子战——依然困难重重。"基于网络中心战理念的电子战"这种描述对于电子战乃至电子信息圈外的读者而言，可能与外语并无太大区别。因此，有必要在正文之前先把网络化、网络中心战、电子战等几个基本概念介绍一下，圈内人士则大可略过本部分。

简而言之，《网络化协同电子战》这本书就是一本阐述如何通过组网让电子战系统变得更加厉害的书。可以从两个角度来理解：从网络化角度，可以理解成网络化的对象是电子战系统，即网络化领域向电子战领域的渗透；从电子战角度，可以理解成电子战的组织方式是网络化，即电子战领域向网络化方向发展。当然，如果理解成网络化与电子战分别向彼此迈进并最终走到一起也并无不可。从上述描述可以看出，本书的关键概念包括电子战、网络化等。

考虑到"科普"的主要对象是普通读者，而非专业人士，因此大可不必说得太过专业，切忌整得东不成西不就，应该是一看就能懂才对。为此，本书在编写时，假定读者没有任何有关电子战、网络化方面的基础（顺便提一句，科普写作过程相当费神费力，因此，个人初步考虑再"修炼"一下尝试写一写专业著作。当然，这是后话。）。

下面就试着把电子战和网络化用尽量好懂的描述方法先简单介绍一下。

先说说什么是电子战。

电子战在美国军语词典里面的定义是："涉及使用电磁能与定向能来控制电磁频谱或攻击敌人的军事行动"。通常，我们说电子战包括电子攻击、电子防护、电子支援三部分，分别对应着电子战的攻击、防护、感知三种能力。通俗点说就是，电磁能是电子战的工具，如果拿这个工具来打敌人就是电子攻击，如果拿这个工具来保护自己就是电子防护，如果拿这个工具来偷听敌人就是电子支援；电子战就是敌我双方抄着"电磁能"这根"棍子"打架，可攻、可守、可谋而后动（关于电子支援需要说明一下，电子支援的唯一方式就是通过接收目标发出的信号来测量其参数或获取其情报。因此，像雷达这种自己发信号打到目标上反射回来再自己收的系统，不属于电子支援系统，而属于预警探测系统。换言之，电子支援系统是从电磁背景噪声中"检测"出感兴趣的信号，相当于"趴在墙角无声无息地偷听"；雷达系统则是发射一个信号来"探测"一下有没有目标，相当于"投石问路"。这样一来，雷达工作时就有可能被人发现，因为需要"投石"；电子支援系统工作时就很安全，因为趴着不动就行。当然，现在雷达里面也出现了一种称为无源雷达的系统，这种系统工作原理基本上跟电子支援系统一模一样。此外，英语中，无论是"检测"还是"探测"都用"detect"。）。

看到这里，可能读者会产生一个疑问：既然拿的"棍子"是"电磁能"，那为啥不叫"电磁战"，而叫"电子战"呢？其实美军现在已经意识到这一问题，并在2020年发布的《JP 3-58：联合电磁频谱作战》条令里面把"电子战"改成了"电磁战"，也算是一种拨乱反正吧。因为"电子战"本来就应该叫作"电磁战"，只是一开始叫错了，然后将错就错了100多年。为了尊重传统表达习惯，本书仍继续沿用"电子战"这一叫法，但读者应知，此"电子战"内涵实际上是"电磁战"。当然，即便是电磁战理念本身，目前也正在经历大的变革：上述美军新版条令里面不仅把"电子战"改为了"电磁战"，而且提出了"电磁频谱作战"的新理念，并把"电磁战""电磁频谱管理""信号情报"等领域融合到了一起。

至于电子战领域攻防双方所依赖的"电磁能"，指的是利用电磁波携带的能量，像激光、X射线、微波、超短波、短波等各种频段的电磁波都可以携带电磁能。可以类比一下水波，水波也可以携带能量把船漂到很远的地方。当然，严格来说，水波是机械波，传播需要介质，电磁波传播则不需要介质（真空也可以传播），二者有着较大区别。

至此，电子战大致说清楚了。

下面再简单说说什么是网络化。

网络化说简单也简单，简而言之，就是"团结就是力量"，就是"心往一处想，劲往一处使"，就是"一加一大于二"（想想1根筷子和10根筷子的故事）。也就是说，网络化就是把能力不那么强的个体，通过某种方式组织起来，然后产生比"个体能力简单相加"要更大的能力。理论上讲，如果有5个个体，并且假定每个个体的能力是1，那么，它们实现网络化以后所能达到的最大能力不是5，而是25（5的平方）。

这个比喻应该很好懂。但为什么要说"所能达到的最大能力"呢？"最大"是什么意思？难道通常都不会达到这种效果？其实，这正是网络化的理论基础之所在。

理论上说，这个"最大能力"的实现是有很多条件的。这些条件合在一起可以简单地称为"全连通"。也就是说，个体之间"人人平等"，任何一个个体在任何时候都可以实时得到有关其他个体的所有信息，而且是想要多少信息就可以得到多少信息。

想象一下战场上的实际情况，就知道这个条件的确很难达成。且不说能不能做到人人平等，单说"想要多少信息就可以得到多少信息"这一点就几乎无法实现，毕竟带宽有限。

不过这个理论挺不错，至少给出了一个最大值和一个最小值。这个理论称为"梅特卡夫定律"，而这个定律就是一开始所说的"网络中心战"理念的理论基础。也就是说，网络中心战说的就是通过网络化实现能力大幅提升的事情。这就是为什么一开始就说网络化电子战就是"基于网络中心战理念的电子战"。

如果再往深里思考一下，还会有一些更有意义的启发：梅特卡夫定律有没有可能被打破？也就是说，有没有可能5个个体的能力在连接起来以后反而小于5，或者在没有连接起来的情况下反而也能大于5甚至大于25？这个问题更值得认认真真思考。

第一种情况，小于5的情况，这种情况比较普遍。例如，连通性遭受敌方有意欺骗，链路被注入恶意代码或所传输数据被恶意篡改，这种情况均可归结为敌对性环境竞争的影响。再如，战场上所有的指挥控制都是树状的、分层的、有中心的、有明确上下级关系的，而战场上的通信网络越来越多地向着扁平化、无中心、不分层、网状组网的方向发展，一旦指控关系与组网关系之间出现"打架"的情况，就有可能导致"有连接还不如没有连接"的严重后果。

第二种情况，大于25的情况，这种情况近年来才逐步成为可能。大于25在理论上成为可能，主要得益于两方面因素，我把这两个因素总结为"一个理念+一个技术"。"一个理念"指的是"马赛克战"理念，或者更确切地说，是自适应杀伤网理念；"一个技术"指的是人工智能技术，或者更确切地说，是分布式人工智能技术。然而，要是再把这两个因素展开讲，又是另外的故事了，而且当前有很多地方我个人也还没有想得很透彻，因此，本部分不作过多阐述。但总而言之，在这两个因素的共同驱动下，大于25才能成为可能。

关于大于 25 的情况，本书会有专门章节进行阐述，作为未来的发展预期。如果说，当前电子战所处的时代是网络中心战时代的话，那么，大于 25 的这个时代就可以称为"后网络中心战时代"。当然，"后网络中心战时代"这个说法只是暂定的，未来肯定会有更多的专家、学者给这个时代起一个更加中肯的名字。

至此，网络化也应该大致说清楚了。

由于说起了电子战当前的时代和未来的时代，那么，过去的时代是什么名字呢？如果从时间轴的角度成体系地思考一下网络化电子战的发展历程，其代际划分会是怎样呢？

个人认为，从网络化的角度来看，电子战发展总共经历了独立性阶段、连通性阶段、协同性阶段、体系性阶段共四个阶段。其中，前两个阶段可以统称为"平台中心战阶段"，协同性阶段也就是网络中心战阶段，体系性阶段也就是后网络中心战阶段。如果为了对称起见，可以分别称为平台中心战阶段、网络中心战阶段、决策中心战阶段（所谓仁者见仁、智者见智，这里的划代仅代表个人意见，学界尚无明确说法）。

绕了一圈再回到本书想要写的内容，还是那句话，"基于网络中心战理念的电子战"。尽管一开始就明确了这一点，但弯弯绕绕一大圈再回到这一点终究还是有点不一样的。高僧列传类图书《指月录》中有一段公案，青原惟信禅师曾说过："老僧三十年前，未参禅时，见山是山，见水是水。及至后来，亲见知识，有个入处，见山不是山，见水不是水。而今得个休歇处，依前见山只是山，见水只是水。"可见，尽管绕了一圈回来还在原地，但这一圈并不是白绕的。

上面这段话最能体现个人的所思所想。最初师父研究网络中心电子战的时候可能已经"见山是山，见水是水"了，辗转到今天我再看网络化电子战，依然"见山只是山，见水只是水"。无关境界，薪火相传而已。但愿本书能够为读者带来一次有关网络化电子战的、逍遥自在的山水之旅。

是为自序。

2023 年 1 月

前　言

电子战的历史已有一百多年,而作为一种反应式、响应式、威胁驱动型作战手段,其发展过程在很长时间内都缺乏自主性,其发展模式通常都是"只有出现一种新威胁,才考虑研制一种新理论、新技术、新装备、新战术"。这就是电子战通常被称为"猫鼠游戏"的主要原因——猫无须过多思考,跟着老鼠跑就对了。

而这种发展模式直接导致电子战能力在某些情况下"越发展越落后"。反恐战争前后美军电子战能力的起伏就是典型例子。开展反恐战争之前,美军电子战已经逐步走上正轨,具备很强的面向大国竞争的电子战能力,各类战略电子侦察机、电子侦察卫星、信息对抗飞机等都具备了很强的战略电子战作战能力。然而,进入反恐战争之后,美军开发了诸如"公爵""雷神""变色龙""交响乐"等一系列反遥控简易爆炸装置电子战系统(CREW),这些系统在反恐战场上应用得如鱼得水,但等美军结束反恐战争重拾大国竞争战略时,发现这些系统完全不适应大国竞争作战场景。

那么,有没有哪些发展模式能够让电子战领域根据自身能力提升需求(而非威胁需求)自主确定发展道路呢?有,而且这类发展模式还有很多。但这些发展模式都具备一个通用特点,即,技术驱动。或者从某种意义上来讲,在技术发展到一定程度的情况下,单纯靠"技术驱动"就能逐步让电子战领域走出"威胁驱动"发展模式。

具备上述驱动力的技术领域有很多。例如,人工智能/

机器学习领域的异军突起就让电子战领域受益匪浅，借助机器的学习乃至"思考"能力，用一套电子战系统就能够有效应对多种已知、未知威胁。再例如，软件定义技术领域的发展，也让电子战系统波形重构能力得到了大幅提升，进而大幅提升了电子战系统应对新威胁时的灵活性。还有就是本书所阐述的网络化协同技术领域，通过网络化协同，不同电子战系统之间能够形成体系，进而为电子战实现体系对抗、体系破击的目标奠定基础。当然，相应的技术领域之间也不是孤立的，可以预期，未来这些技术将在电子战领域内实现融合，并催生出更强大的能力。

本书架构如下。原理篇主要阐述了网络中心战理念为电子战领域带来的能力提升，以及 link 11、link 22、link 16、TTNT、NCCT 等数据链在电子战领域的应用。纪传篇主要以虚拟作战场景的方式描述了"狼群"、小型空射诱饵、空射效应器、舷外电子战系统、"小精灵"、"舒特"、"复仇女神"等系统的网络化协同作战运用过程。编年篇对上述系统的发展过程进行了描述，并在此基础上对网络化协同电子战的发展进行了代际划分。未来篇主要从马赛克战、决策中心战、算法博弈等角度对网络化协同电子战的未来发展趋势进行了展望。终篇从杀伤网角度阐述了网络化协同电子战的最终目标，即，打造电子战杀伤网。

本书主要由张春磊撰写，王一星、陈柱文、曹宇音、吕立可参与了部分内容的撰写，杨小牛院士、陆安南研究员、潘高峰研究员对内容进行了技术把关与指导，潘高峰研究员还在网络中心战理念研究方面专门给出了专业建议。撰写过程中得到了楼财义研究员、江锋研究员、陈鼎鼎研究员的指导与支持。陈伟峰、王雪琴对全书进行了文字校对。解放军陆军工程大学田畅教授、徐以涛教授在撰写过程中给予了技术指导与把关。国防工业出版社张冬晔编辑在编辑、排版方面做了大量工作。在此，对上述人员一并表示衷心的感谢。

最后，感谢师父李群英先生，正是他的谆谆教导为作者撰写本书打下了扎实的功底，他的前期研究成果也为本书撰写奠定了坚实的理念基础。

电子战领域之博大精深，非本书寥寥数语所能参透；网络化协同之深远影响，亦非本书浅尝辄止所能尽辞。加之作者水平有限，疏漏、错误难免，敬请指正。

作者
2022 年 12 月

目录
CONTENTS

» **原理篇 / 1**

网络乃价值创造之源：
网络中心战漫谈 / 3

以网赋能、以网释能：
网络化协同电子战的能力"增益" / 10

向管理要效益：
网络化协同电子战邂逅电磁战斗管理 / 19

网：
军用无线通信基础知识漫谈 / 28

要有网
——漫谈网络化协同电子战中的"网" / 34

link 11 在网络化协同电子战中的应用 / 43

link 22 在网络化协同电子战中的应用 / 49

link 16 在网络化协同电子战中的应用 / 55

TTNT 在网络化协同电子战中的应用 / 69

NCCT 在网络化协同电子战中的应用 / 80

所之未必如所自：
网络中心战困境浅析及"原理篇"
总结 / 92

纪传篇 / 97

一群来自电磁频谱的狼：
美军"狼群"项目 / 99

请务必来打我：
美军小型空射诱饵（MALD） / 106

五脏俱全的小麻雀：
"空射效应器" / 113

电磁身外身：
美国海军 AOEW 项目 / 119

悄无声息的导弹：
EA-18G 网络化无源定位能力 / 127

山海那边有一群蓝精灵：
"小精灵" / 136

走着走着花就开了：
美国空军"舒特"项目 / 141

体系级全息欺骗：
美国海军"复仇女神"项目 / 157

编年篇 / 163

"舒特"简史：
起步即巅峰 / 165

"狼群"简史：
美国地面电子战的尴尬突围 / 173

网络化诱饵简史：
电磁领域的"诡道" / 180

美军网络化协同电子战简史总结：
划代 / 196

未来篇 / 201

柳暗花明：
人工智能时代网络中心战的转型契机 / 203

决策制胜：
网络化协同电子战邂逅决策中心战 / 213

上兵伐谋：
算法博弈 / 224

终 篇 / 231

网之轮回：
从杀伤网（Network）到杀伤网（Web） / 233

后 记 / 243

参考文献 / 245

本篇主要阐述了本书对网络化协同电子战的概念界定、网络化协同电子战带来的好处以及美军典型数据链在网络化协同电子战领域的应用，最后阐述了网络化协同电子战所面临的困境。

这一部分内容有些地方涉及一些专业知识，如果读者不感兴趣，可直接跳过本篇。

网络乃价值创造之源：
网络中心战漫谈

简而言之，**网络化电子战就是"基于网络中心战（NCW）理念的电子战"**，因此，网络化电子战的基本原理必须从网络中心战理念讲起。

1997 年，美国海军作战部长提出了网络中心战理念，迄今已有 20 多年。这 20 多年里，新理念层出不穷，但网络中心战理念依旧宝刀未老，仍被世界诸多国家军方奉为战术、理论、技术、装备等发展之圭臬。这一理念在信息领域技术高速发展的今天，更是散发出了前所未有之魅力，与物联网、云计算、大数据、人工智能等新技术领域实现了非常完美的融合。

当然，与所有理论、理念一样，网络中心战理念也在经历不断修订、完善的过程。

网络中心战理论发展历程

大约在 1980 年，以太网的发明者罗伯特·梅特卡夫（Robert M. Metcalfe）率先提出了如下理论：全连通设备所构成的系统之系统的价值随着设备数量平方的增长而增长（The systemic value of compatibly communicating devices grows as the square of their number），该理论即为"梅特卡夫定律"的雏形。图中红线即为网络化系统的系统价值曲线（$y=N^2$）。

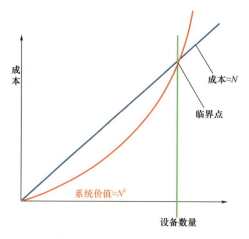

梅特卡夫定律示意图

1993年，乔治·吉尔德（George Gilder）对梅特卡夫定律进行了修订与改良，描述为"一个通信网络的价值与网络中的用户数量的平方成正比（The value of a communications network is proportional to the square of the number of its users）"，这一理论为美军网络中心战理论与指导原则奠定了基础。

1997年4月，美国海军作战部长杰伊·约翰逊最早提出了网络中心战的概念。

1998年1月，美国海军军事学院院长阿瑟·塞布罗斯基中将在《海军学院院报》上发表文章《网络中心战：起源与未来》，对网络中心战的概念、内容进行了较为详细的阐述。

1999年，戴维·阿尔伯茨等出版了《网络中心战：开发并利用信息优势》一书，系统阐述了信息时代及其对军事领域的影响、网络中心战基本理念与原理、网络中心战的实现、网络中心战的潜力等。

1999年，哈克·赫尔曼研究发表了《网络中心战的效能测量》报告。

2000年，国家研究理事会海军研究部发布《网络中心海军部队：增强作战能力的转移战略》报告，指出：网络中心行动是一种利用先

进信息和组网技术的军事作战，它将广泛分布的决策人员、态势及目标锁定传感器、部队和武器集成为一个具有高度自适应能力和综合的系统，实现前所未有的作战效能。

2001年，美国国防部向美国国会递交了长达1000页的《网络中心战》报告及其附件，系统阐述了网络中心战概念、美军已经开展的相关工作、经验与教训、未来发展思路、各军种/国防部机构在网络中心战方面的具体项目等。**这一报告是网络中心战理念发展历程中的里程碑式成果。**自此，该理念在美军战术、理论、技术、装备发展过程中都起到了非常好的指导作用，美军也借此机会实现了快速的能力跃升。

网络中心战理论经过了实验及实战的检验

在概念正式确立前后，美军通过演习、实战双管齐下的方法对网络中心战理念的作战效能、优缺点等进行了一系列演示、验证。

1994年4月，美国陆军进行了代号"沙漠重锤"Ⅵ的第一次先期作战实验，目的是检验跨越各战场的数字通信能力对营级特遣部队的影响。实验表明，数字化和网络化能够提高杀伤力、生存能力、作战速度。

1997年，美国陆军进行了为期9天的师级先期作战实验，检验数字化部队的作战效能。重点演示网络中心战理念在指控层面带来的优势，尤其是在缩短决策闭环时间方面具备的巨大潜力。实验表明，网络中心战优势明显：作战节奏大幅加快，计划制定时间从72小时缩短为12小时；火力呼叫速度大幅提升，处理时间从3分钟缩短到半分钟；连级攻击计划制定时间大幅缩短，从40分钟缩短至20分钟。

1997年3月，美军进行了21世纪特遣部队先期作战实验，目标是探索数字化部队是否能够利用完全一体化的条令和技术来提高杀伤力、作战节奏和生存能力。重点检验了网络中心战在情报监视与侦察（ISR）方面的优势与潜力。首次证明了时敏目标（TST）信息可以在战术层面直接横向共享。

1998年10月，美国海军与驻韩美军司令部举行了德尔塔舰队作战实验，该实验与"98雏鹰"美韩年度联合演习一同举行。该实验验证了网络中心战在缩短决策周期、提升打击效能、降低资源竞争等方面的优势与潜力。例如，平均决策周期从43分钟缩短为23分钟；平均任务时间缩短了50%；打击效能提高了50%；资源竞争减少了15%。

1998年12月17日至20日，美英两国对伊拉克发动了代号为"沙漠之狐"的军事打击行动。这次军事打击行动的主要特点之一就是指控、通信、计算机、情报、监视与侦察（C^4ISR）系统发挥了巨大效能，显著提高了美英联军的联合作战水平。C^4ISR系统构建起了网络化、一体化、信息化的战场体系，使美军数字化作战能力与海湾战争时相比有了明显的提高。虽然美军尚未全部实现网络化，但位于战区的各军兵种之间、战区与最高决策层之间，通过计算机网络始终保持着实时信息传输，文字、数据、图像、话音等信息均可通过网络快速传递，目标获取、定位、分配、毁伤评估以及战况会商等都通过交互式网络进行。

1998年和1999年，美国空军分别各进行了一次远征部队演习。核心主题之一就是演示利用网络提高控制飞机、战斗机、轰炸机以及加油机和干扰机等其他支援飞机的态势感知能力。

1999年3月24日至6月10日，美国及其盟国发动了科索沃战争，此次战争证实了网络中心战可以在打击任务领域实现新的作战能力。主要体现在三个方面：利用空、天优势构建全维的侦察、探测网络；利用信息优势构建高效的指控网络；利用技术优势提高打击精度。

2001年3月11日至4月28日期间，美军举行了师级顶层演习，此次演习意义重大，可以说是正式确立了网络中心战理论。这次演习比较充分地验证了网络中心战的能力，包括：装甲车与火炮的横向信

息共享；部队的快速机动方案与其在夜间恶劣地形中进行大胆机动的能力相结合；共享作战态势图；传感器网络化运用；网络化态势感知提升后勤支援部队的效能。

2001年10月，美军发起了阿富汗战争，**由于该时间点恰恰处于美军致力于确立网络中心战地位的关键节点**，因此，在此次战争中美军有意识地对网络中心战理念进行了全方位验证。具体来说，主要体现在如下几方面：通过情报系统和武器系统组网，让"传感器到射手"闭环时间从"小时"级缩短到"分钟"级；通过情报系统、指控系统和武器系统组网，实现了战区网络中心战；试验建立了一个极其快速的"从传感器到武器打击"的战术网络中心战系统，以提升对时敏目标的打击能力。

网络中心战基本原理

2001年，美国国防部向美国国会递交的《网络中心战》报告对网络中心战理念进行了详细描述，尤其是通过"价值链"这一创新性理念系统阐述了网络中心战在整个决策环（观察 – 判断 – 决策 – 行动（OODA）环，当前流行的说法称为"杀伤链"或"杀伤网"）中所起到的巨大作用。总之，就如同《网络中心战》报告所说的那样，网络中心战的核心理念就是"网络乃价值创造之源"（The Network as a Source of Value Creation）。

从网络中心战"价值链"可以看出，从作战决策环角度来看，网络中心战的价值体现在三个层级：其一，连通性，即网络化程度、信息共享程度、改进的感知、提高的信息质量等参数如何提升共享的态势感知能力；其二，协同性，即共享的态势感知如何提升同步与协同能力；其三，作战效能，即协同与同步能力如何提升任务效能。基于该价值链，可实现信息优势、决策/知识优势和全谱优势。

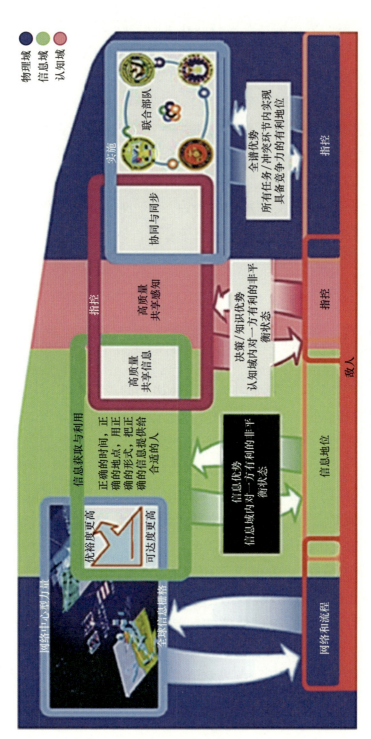

网络中心战的价值链

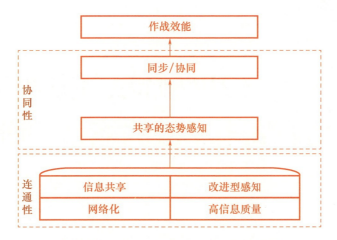

网络中心战"价值链"抽象示意图

结语

以数字化、软件化、信息化、网络化为主要特点的现代化战争，其作战效能的发挥，有一大部分要归功于网络中心战理念的广泛、深入应用。

网络中心战理念正如春之花木，不但未凋零，反而愈发葳蕤、向阳而生。

二十多年转瞬过，归来仍是少年行。

网络化协同电子战： 电磁频谱战体系破击的基石

以网赋能、以网释能：
网络化协同电子战的能力"增益"

前面说到，"网络乃价值创造之源"。那么，具体到电子战领域，网络能够为电子战创造哪些价值呢？或者说，网络化协同电子战的能力"增益"体现在哪些方面呢？本部分就重点探讨这方面问题。总体来说，网络化协同（或网络中心战理念）可以为电子战带来的"增益"如图所示。

感知	攻击	管理	防护
·支援侦察精度、灵敏度提升 ·信号情报完整度提升	·多目标能力提升 ·攻击精准度提升 ·侦察、攻击相互影响降低 ·赛博电磁一体化攻击潜力巨大	·网络化助力电子战斗管理能力提升 ·电子战斗管理推动网络化转型	·电磁感知抗欺骗能力提升 ·电子攻击顽存能力提升

网络化为电子战带来的"增益"

感知能力增益

广义上来讲，电子战的"感知"包括两方面内容：电子支援侦察和信号情报侦察。尽管有些论著会把信号情报当成一个与电子战并列的、独立的领域，而且电子战支援侦察与信号情报侦察之间也的确存在较大差别，但由于二者在理论、技术、装备层面有很多交叉之处，因此，本部分将二者都纳入广义"电子战感知"的范畴。

信号情报与电子支援

信号情报是一种情报类别，可以是单一的通信情报（即从通信信号中获取情报的过程、手段或产品）、电子情报（即从非通信信号中获取情报的过程、手段或产品）和外国仪器信号情报，也可以是所有这些情报的任意组合。信号情报是描述电磁作战环境的基础，包括与无线电、雷达、红外设备和定向能系统相关的那些频率。

电磁支援是电子战的一部分，涉及作战指挥官分配的行动或由作战指挥官直接控制的行动，对有意或无意的电磁辐射源进行搜索、拦截、识别和定位，以便立即识别威胁、规避威胁，标定目标、制定计划和执行未来作战行动。

电磁支援与信号情报密切相关，但又相互独立。执行电磁支援任务或情报任务的资产之间的区别取决于谁负责或控制这些收集资产、它们的任务是提供什么，以及它们任务的目的是什么。电磁支援和信号情报之间的区别是通过目的、范围和背景来描述的。总之，在电磁频谱作战中，电磁支援与信号情报的手段、目标等侧重点均有较大差异，如表所列。

领域	作用与目标	手段
电磁支援	是美军"破坏性电磁频谱作战"的基础	● 对复杂的辐射源或感兴趣的信号进行快速检测、识别、定位、复制，以便形成态势感知，并为动能与非动能火力提供目标瞄准能力； ● 这些关键系统将拨开拥挤、竞争的电磁作战环境的迷雾，为电子战斗管理提供近实时的态势感知和目标信息，并为攻击使用电磁频谱的对手部队提供实时的目标瞄准信息
专用信号情报	是夺控电磁频谱优势的关键	● 电磁频谱优势需要对以下关键领域进行强力的情报收集、分析与验证工作：参数数据、工程数据、战斗序列数据、作战支持数据、建模与仿真支持； ● 这些信号情报是获取并保持电磁频谱优势的"专用"情报，并非所有信号情报，所以，电磁频谱作战与信号情报之间的关系不是简单的包含与被包含的关系，而是"专门裁剪过以专门用于电磁频谱作战的信号情报"

其实不仅是电子战支援侦察与信号情报侦察方面，从更广义的态势感知的角度来讲，只要实现了传感器网络化协同，就能获得某方面的增益。可见，这些增益包括防止单传感器欺骗、提高定位精度与收敛速度、增强社交网络态势感知、提升整体探测能力、增强跟踪覆盖范围及跟踪能力、增强电磁防护及抗反辐射打击能力等。

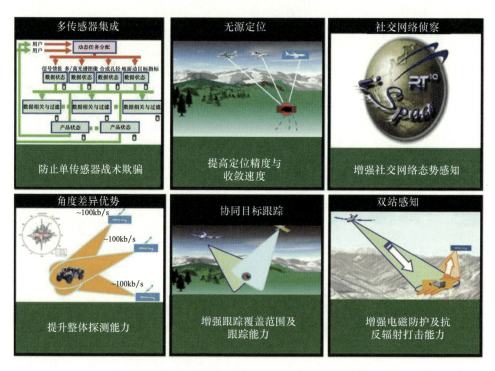

多传感器网络化协同带来的潜在优势

具体到电子战领域，随着电子支援侦察、信号情报技术与装备的作战应用范围越来越广泛，传统上以单平台为主的感知模式所能达到的系统性能已经达到极限且无法满足作战需求，只能通过网络化协同来突破极限。

电子支援侦察方面，以无源测向、定位技术与装备为例，网络化协同可以大幅提升测向、定位精度与速度。其作战应用从最初的"威胁规避"逐步向"引导高速反辐射导弹""生成态势感知通用作战图以及获取敌电子战斗序列（EOB）"传感器精准提示"等扩展，最新的作战应用需求是"无源定位直接引导精确打击武器"（"电磁静默战"）。越来越高的作战应用需求，对无源测向、定位精度的要求也从最初的 5°逐步提升到 0.1°。这样高的要求，传统的单脉冲比幅测向、单平台到达时差（TDoA）、干涉仪测向等技术与方法都无法满足，只有长基线干涉仪测向技术才有望勉强满足，然而，长基线干涉仪测向在实战中很难实现（需要拉开很长的基线，导致灵活性差）。总之，只有通过网络化协同才能在满足作战所需高精度的同时，确保作战可行性。图中所示为基于多平台网络化协同的辐射源定位原理图。相关研究表明，相较于传统的单平台辐射源定位方法，采用多平台网络化协同的时差、频差等辐射源定位方法，其定位收敛时间将缩短到秒量级、定位精度可达到距离的 0.1% 量级，综合定位效能至少提升了一个数量级。

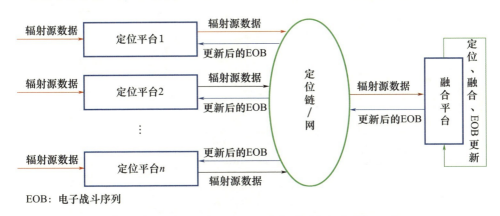

EOB：电子战斗序列

基于多平台网络化协同的辐射源定位原理图

信号情报侦察方面，基于网络化协同，实现多传感器情报数据融合。通过对侦察平台获取的侦察数据进行多传感器数据融合，可提高对目标的属性判别、威胁等级评定和活动态势感知的置信度。多传感器数据融合可采用三级数据融合，即原始数据级、特征向量级、决策级。三级数据融合具体表示如下：首先，依据原始数据实现跨平台同类型无源侦察数据融合（如跨平台通信侦察情报数据融合）；其次，依据特征向量提取与关联实现跨平台异类无源侦察数据融合（如跨平台通信侦察与雷达侦察情报数据融合）；最终实现跨平台异类情报融合（如电子侦察情报与雷达探测态势情报融合）。外军相关研究成果表明，基于网络化协同的多传感器数据融合可以实现4~8dB的目标探测信噪比提升效果。

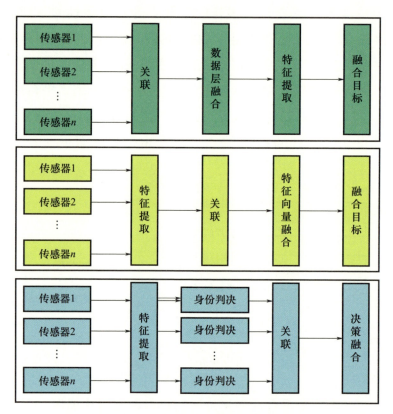

基于网络化协同的多传感器数据融合原理图

攻击能力增益

根据2020年美国参谋长联席会议发布的《JP 3-85：联合电磁

频谱作战》条令,电子攻击的定义为"使用电磁能、定向能或反辐射武器攻击人员、设施或装备,目的是削弱、压制或摧毁敌方战斗力。它是一种火力形式。"可见,在联合作战过程中,电子攻击被视作一种火力攻击能力来使用,它对于获取电磁频谱优势而言至关重要。

总体来说,网络化协同对于电子攻击能力的提升主要体现在以下几方面。

多目标攻击能力提升。通过网络化协同,可以基于人工智能调度的方式将网络中的电子攻击节点进行分工,不同的节点群负责攻击不同的目标,并且能够随着节点对自身环境的感知来动态调整其所攻击的目标。这样,就可以确保同时对多个目标实施动态、高效的电子攻击(电磁干扰、电磁欺骗等)。这种多目标攻击能力发展到极致会催生出一种"全息电磁欺骗"能力(类似于美国海军"复仇女神"的能力)。从某种意义上来讲,"全息电磁欺骗"能力是马赛克战理念、网络中心战理念、人工智能技术在电子战领域中综合、融合运用的结果,同时也是目前所能预见到的电子战最高境界。

攻击精准度提升。如上所述,通过网络化协同,电子侦察精准度会大幅提升,而这种提升会间接带来电子攻击精准度的提升。此外,诸如分布式动态空间功率合成等新兴技术的发展也为电子攻击直接带来精准额度提升。美国国防部高级研究计划局(DARPA)开发的精确电子战就属于此类。这两方面综合起来,会让网络化协同电子攻击精准度提升一个乃至数个数量级。

侦察、攻击相互影响降低。传统上,在实施电子攻击的同时,很难实施电子侦察。这是因为电子侦察与电子攻击的频段相同,电子攻击会对己方电子侦察造成巨大影响。必须采取时间"开窗"的方式来实施电子攻击中的电子侦察。例如,所谓的"间断观察干扰"就是典型的"开窗"式干扰,即干扰停下一段时间以便侦察接收机实施侦察。

这种干扰方式效率低、灵活度低、效能评估结果准确度低。基于网络化协同，利用侦察节点将软杀伤引导结果实时传输给电磁干扰节点，并利用多干扰节点基于任务频段分配进行协同干扰，可有效解决一频段干扰时相邻频段无法有效获取软杀伤引导，以及单干扰节点能力受限的问题。

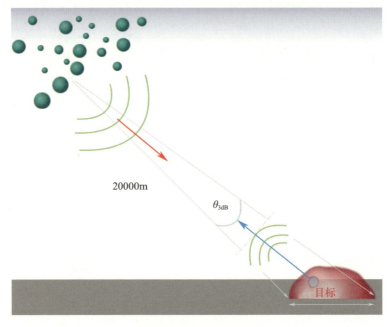

精确电子战示意图

赛博-电磁一体化攻击潜力巨大。由于网络化协同能够同时大幅提升电子支援侦察与信号情报侦察能力，因此，从电子战感知层面催生出了"情侦融合"的新能力。而这种新能力在战场上又可助力实现赛博空间攻击与电子攻击的一体化，即赛博-电磁一体化攻击。美国陆军就专门提出了赛博电磁行动（CEMA）的理念，以推动在美国陆军军种范围内实现赛博作战与电子战的融合运用。

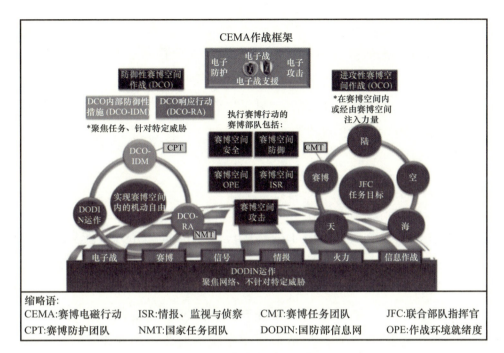

CEMA 作战框架示意图

管理能力增益

网络化协同技术是实现电子战斗管理的基础之一，随着美军对电子战斗管理重视程度的不断提升，网络化协同的"协同能力"与电子战斗管理的"管理能力"逐步走向融合，并有望在电磁频谱作战方面产生"管理域"能力提升。总之，网络化协同与电磁战斗管理之间是一种相互促进、相辅相成的关系，而二者的关联点就是"管理带来的网络化协同能力提升"。

具体来说，电子战斗管理可以让信息传输能力的发展更具体系层面的针对性、完备性。电子战斗管理的横向与纵向信息共享、反馈、互操作等环节都会从体系层面对信息传输能力提出新需求，并最终促进信息传输在整个体系中发展更具针对性的作用。这主要解决了传统信息传输系统能力发展不聚焦、缺乏体系性的问题，例如，传统信息传输系统的发展基本上以提升容量、提升安全性等方面为发展方向，然而，如果从体系层面出发、以电子战斗管理的角度来看，对信息传输的需求可能更多样、更灵活、更聚焦作战效能，所有这些都有望最终导致网络中心战理念的转型。

防护能力增益

作为一种作战模式，电子战实施过程中也需要充分考虑自身电子防护方面的问题。网络化协同则有望为电子战带来一些新的防护手段与防护效能。

侦察方面，抗欺骗能力大幅提升。通过网络化协同，在己方电子侦察系统（包括支援侦察与情报侦察系统）遭受敌电子欺骗时，可以通过网络化协同印证的方式来识别欺骗、规避欺骗乃至引导己方电子攻击系统实施反欺骗。

攻击方面，网络化协同带来的低零功率特征可大幅提升电子攻击的反测向、反定位、抗反辐射打击能力。采用基于网络化协同的电子攻击时，由于把能量分散到了分布式的多个攻击节点上，因此，单个节点所需辐射的干扰功率大幅下降（具体下降程度视节点多少而定），并逐步形成了"低零功率"这种电磁静默战作战模式。因此，对于敌方的测向、定位、反辐射武器而言，很难有效应对这种电子攻击。

结语

张先《千秋岁》词云"心似双丝网，中有千千结"，极言胸中之愁绪、块垒难消。

然而，对电子战而言，一张网，可带来万种风情。

向管理要效益：
网络化协同电子战邂逅电磁战斗管理

我们都知道，网络化协同为电子战领域带来的效益可以通过技术手段实现（如让各平台和装备之间的连通和协同更快、更好，就有助于提升这个网络化协同电子战系统或体系的性能）；然而，技术手段并不是提升网络化协同电子战效益的唯一手段，管理也可以。就像一个企业，管理水平的提升也可以提升企业的效益。对于网络化协同电子战领域（或者整个电子战领域乃至更大范围的电磁频谱作战领域）而言，最典型、最有效、最具潜力的管理手段之一就是电磁战斗管理（EMBM，另一个手段是电磁频谱管理）。当前，电磁战斗管理仍是一个新兴的领域，近年来，越来越受到美军各军种、研究机构的重视，例如，2021年，美国国防信息系统局就发布了装备系统与技术层面电磁战斗管理的发展路线图。

什么是电磁战斗管理

电磁战斗管理的概念非常容易与电磁频谱作战、电磁频谱管理、电子战战斗管理等概念混淆，首先对其进行简单辨析。简而言之，电磁战斗管理就是对电磁频谱作战的作战流程、作战活动进行管理，它管理的是整个作战过程（所谓的观察 – 判断 – 决策 – 行动（OODA）环），最终目标是确保 OODA 环的高质量、高速闭环。随着美军参谋长联席会议正式发布《JP 3-85：联合电磁频谱作战》条令，电子战的内涵与外延都有了大幅提升，从"电子战"扩展到"电磁战"并最终扩展到"电磁频谱作战"，新阶段的电磁频谱作战涵盖了电磁战（根据美军最新条令，"电子战"这一术语已经由"电磁战"取代，但本书后续仍沿用"电子战"这一术语）、电磁频谱管理和部分信号情报。从这个角度解释，其实电磁战斗管理也同时对电磁战、电磁频谱管理和信号情报活动及其过程进行管理。

从电磁频谱作战的角度来讲，对电子战活动与过程进行管理称为"电子战战斗管理"，是对电子攻击、电子防护和电子支援的联合管理；对电磁频谱管理进行管理，是指对电磁频谱管理活动及其过程进行管理，而不是管理频谱本身；对信号情报活动进行管理，主要是指对信号情报活动及其过程进行管理，并不涉及具体的传感器。当然，电磁战斗管理的最终目标是通过管理手段，让这三种活动及其过程更好地融合、统一并最终实现更大范围的电磁频谱作战 OODA 快速闭环。

从 OODA 环这一角度来讲，网络化协同与电磁战斗管理实际上是电子战的一体两面：网络化协同主要通过技术手段确保 OODA 环高质量、快速闭环；电磁战斗管理则是通过管理手段实现这一点。或者往更远的方向来看，网络化协同与电磁战斗管理从两个不同的方向共同编织起一张电磁频谱作战的"杀伤网"、作战体系。这也是在"网络化协同电子战"这一主题中专门辟出一章来讲电磁战斗管理的原因。上述文字可总结为一张图，理解了这张图，也就理解了电磁战斗管理和网络化协同电子战或联合电磁频谱作战的关系。

美军对电磁战斗管理的官方定义为：电磁战斗管理是指对联合电磁频谱作战的动态监控、评估、规划和指导，以支持指挥官的行动方案。

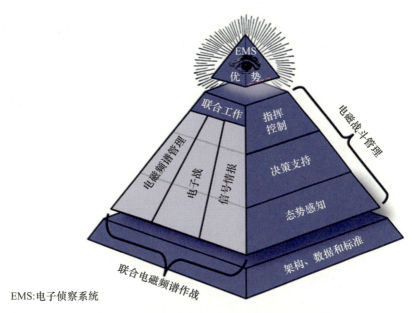

EMS:电子侦察系统

电磁频谱作战和电磁战斗管理的关系

电磁战斗管理的重要性体现在哪些方面呢？总体来看，电磁战斗管理是未来美军电磁频谱作战自成体系的关键；具体地看，根据美军《JP3-85：联合电磁频谱作战》条令，作战总指挥官通常将建立一支常设的联合电磁频谱作战单元（cell），以支持对配属部队电磁频谱的联合规划、协调和控制，作战指挥官通常将电磁频谱作战控制权限授予联合电磁频谱作战单元指挥官，此时，联合电磁频谱作战单元指挥官为联合指挥官提供联合电磁频谱作战的统一指挥，而这个统一指挥使用的流程就是电磁战斗管理流程，使用的工具或系统就是电磁战斗管理系统；往大了看，电磁战斗管理就是最近美军炒得火热的概念——联合全域指挥控制的电磁频谱作战解决方案。

美军电磁战斗管理的发展与现状

美军在十几年前就已经提出对电磁战斗管理的需求，2009年，美国联合需求审查委员会在《电子战能力倡议文件》中正式陈述了在电磁频谱环境中作战的能力要求，它强调美军需要更有效地管理电磁频谱资源，反复指出频谱相关系统的战斗管理需求。

2010年，美军将电磁战斗管理术语写入《JP1-02：国防部军事及相关术语词典》，该术语延续至今，此后的条令不断对其内涵进行解释和扩充。

实际上，若从电磁战斗管理的管理对象（电子战、电磁频谱管理、信号情报等传感器管理）各自角度出发，再结合传统的电子战战斗管理来看，美军于21世纪初就已经开始探索电磁战斗管理理念。大致来看，美军电磁战斗管理发展历程可分为三个阶段。

第一阶段，电磁战斗管理萌芽期（21世纪初至2010年），主要是面向需求的电子战战斗管理。

第二阶段，电磁战斗管理探索期（2010年至2020年），以2010年电磁战斗管理概念的诞生为标志，此后美国各军种、机构开始不断探索电磁战斗管理的概念、内涵以及电磁战斗管理框架和系统，电磁战斗管理开始真正管理"整个电磁频谱作战"。

第三阶段，电磁战斗管理加速期（2020年之后），美军一系列联合电磁频谱作战相关条令、战略、研究报告发布，都将电磁战斗管理装备与技术作为未来的重要发展方向，加速了电磁战斗管理的进一步发展。

特别是当前阶段，电磁战斗管理已经成为未来美军电子战和电磁频谱作战发展不可分割的一部分。美军《电磁频谱优势战略》明确指出，要发展稳健的电磁战斗管理能力。以电磁战斗管理实现电子战、信号情报、电磁频谱管理能力的融合与集成，从"管"的维度提升电磁频谱能力。在装备系统与技术层面，美国国防信息系统局也已经制定电磁战斗管理的开发路线。

此外，2021年美国空军在其未来电子战需求研究中，将电磁战斗管理作为联合作战的优先事项；美国陆军通过电子战规划与管理工具（EWPMT），不断提升其电磁战斗管理能力，而且该工具

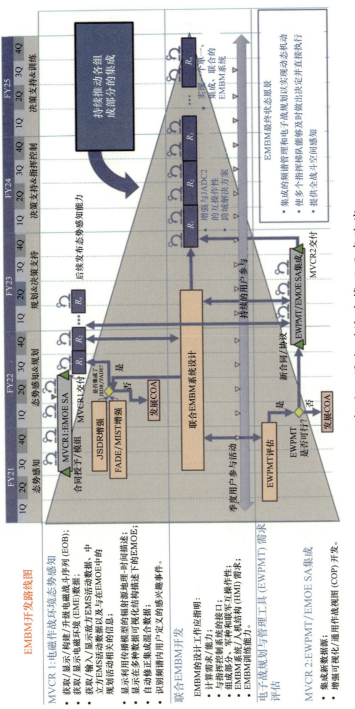

美国国防信息系统局电磁战斗管理开发路线

是美军目前最典型的电磁战斗管理系统，有望评估、推广并在美国各军种使用；美国海军已经在用其具有部分电磁战斗管理能力的实时频谱作战系统取代原来的频谱管控系统——海上电磁频谱作战程序。

电磁战斗管理如何助力网络化协同电子战

如上所述，对于电子战领域而言，网络化协同与电磁战斗管理一体两面。那么，网络化协同与电磁战斗管理的结合，能够为电子战乃至更大范围的电磁频谱作战带来怎么样的效益呢？

总体而言，电磁战斗管理对网络化协同电子战的效益可以从态势感知、决策支持和指挥控制三方面阐述，这些效益最终通过融合可产生体系层面的效益。

态势感知层面的效益如图所示。通过对电磁频谱作战中各种态势感知活动（包括电子侦察、雷达、光电/红外侦察、信号情报、测量与特征情报乃至赛博空间情报等活动）进行基于人工智能和大数据分析的纵向与横向共享、反馈、联合、融合、挖掘，可获得单一态势感知活动乃至多个态势感知活动无法感知的态势，全面感知有关敌方（作战对象）、己方、第三方、作战环境、作战效能等方面的态势，最终提升信号层面、数据层面、逻辑层面、信息层面、认知层面的态势感知能力。具体到网络化协同电子战中，电磁战斗管理可以集成电子战体系中各类侦察平台实时获取的电子支援和信号情报信息，集成电子战体系外信息（如雷达获取的信息），结合前期数据库中的信息，将各种信息融合起来，为网络化协同电子战指挥官或作战人员提供易于理解的态势信息。

决策支持与指挥控制层面的效益：由于电磁战斗管理的"输入"通常是作战任务本身的需求，因此，决策支持与指挥控制也相应地从传统模式转型为面向任务的指挥控制、以决策为中心的作战（决策中

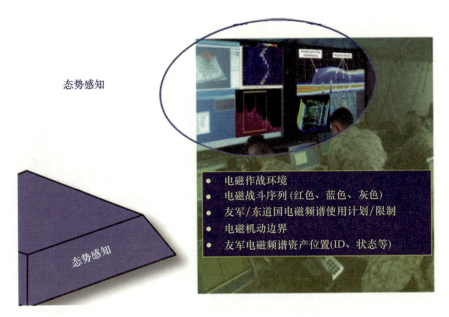

电磁战斗管理对态势感知的效益

心战）新模式。此外，随着人工智能技术的快速发展，这种模式还将大幅提升"控制"的效率与能力，最终实现一种"人工指挥＋机器控制"的新模式。其中，决策支持方面，电磁战斗管理基于态势感知的基础，查看电磁频谱中作战的多阶效应（多阶效应可以理解为对后续可能情况的推测），并将联合电磁频谱作战与其他机动方案集成在一起。也就是说，电磁战斗管理不仅可以帮助指挥官理解电磁频谱作战接下来会发生什么，而且可以将太空、赛博空间等其他领域的能力与电磁频谱作战能力结合起来考虑，并将效果清楚地传达给指挥官，以便指挥官快速、明智地制定决策。具体到网络化协同电子战中，电子战指挥官除了具有电子战、电磁频谱管理和信号情报能力的相关信息，还具有了解太空领域的能力（如太空成像雷达）、赛博领域的能力（如赛博攻击手段），并查看使用各种能力后可能发生的情况，同时制定可能的最佳作战方案，最终帮助指挥官选取一个最佳决策。决策支持方面的效益如图所示。

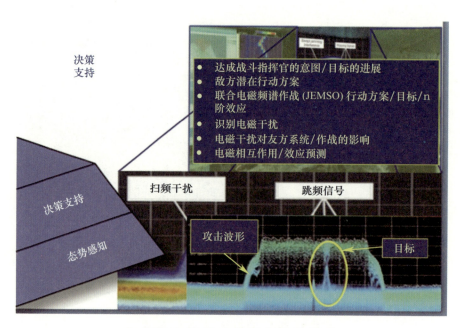

电磁战斗管理对决策支持的效益

指挥控制方面的效益如图所示。联合电磁频谱作战需要成千上万个依赖电磁频谱的系统同时互操作,在复杂的电磁频谱作战环境中更需要稳定、响应迅速的指挥控制能力。电磁战斗管理基于态势感知和决策支持,自动进行上、下级以及跨梯队报告,指挥官可以通过电磁战斗管理系统进行指挥和控制,控制电磁频谱作战资源,分配电磁频谱作战任务。实际上,随着人工智能技术的发展,电磁战斗管理将大幅提升决策支持的准确性和控制的效率与能力,最终实现一种"人工指挥+机器控制"的新模式。

体系层面的效益:总体来说,电磁战斗管理所带来的效益终归是体系层面的,即对电磁频谱作战进行环路内、环路上、环路外等多层级的管理,以提升整体作战效能。当然,体系层面的效益提升途径、提升维度、提升效能等尚需后续研究,并将这些作为电磁战斗管理系统与能力构建的指导原则。传统电磁频谱战作战系统的发展要么是目标(作战对象)驱动型,要么是个体或群体能力(效能)驱动型,很

少采用体系能力（效能）驱动。电磁战斗管理有望改变这一点，让电磁频谱作战的发展更具体系性。

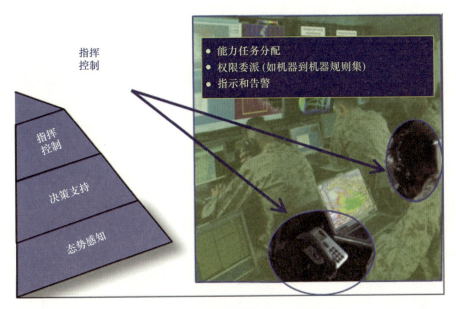

电磁战斗管理对指挥控制的效益

网络化协同电子战：电磁频谱战体系破击的基石

网：
军用无线通信基础知识漫谈

由于本篇中有很多章节都会用到有关军用无线通信系统（尤其是数据链）的基础知识，因此，这里首先对军用无线通信及其相关知识进行简单描述。尽管有线通信也是军用通信的主要方式之一，但考虑到电子战系统的应用战场几乎不会具备有线通信的条件，因此本部分不赘述。

"公路"与"铁路"——漫谈军用无线通信

很多类装备都可实现军用无线通信，最常见的就是战术电台、数据链终端、卫星通信终端；或者从领域角度来讲，分别为战术通信、数据链通信、卫星通信。

那么，既然这些装备/领域都能实现军用无线通信，它们之间有什么区别呢？一种比较形象的区分方式就是利用当前交通网络来做类比：**战术通信相当于普通公路运输；数据链通信相当于铁路运输，其中又包括了普通铁路运输（传统战术数据链通信）与高速铁路运输（新型高速数据链通信）；卫星通信相当于高速公路运输。**

为什么这么类比呢？

首先，**根据有无"铁轨"，军用无线通信可分为两大类："铁路"运**

输（数据链通信）与"公路"运输（其他通信）。之所以这么说，从数据链通信的定义可看出。数据链定义为"用于传输**机器可读的战术数字消息的标准通信链路。**"从这种定义可以看出，数据链与"铁轨"非常像，人的参与尽可能少（机器可读的战术数字消息），必须沿着轨道走（标准通信链路）。其他军用无线通信都不具备上述特点，对标准的通信链路、标准的消息的要求都很少。

其次，根据"运力"（通信速率/带宽/吞吐量）高低，数据链通信可以分为两大类："普通铁路"（传统战术数据链，TDL）和"高速铁路"（新型高速数据链）。如同铁路也分为普通铁路和高速铁路一样，数据链通信尽管都属于铁路范畴，但也有高速、低速之分。通常来说，数据速率为千比特/秒量级的数据链可比作"普通铁路"，这类数据链主要为link系列战术数据链；数据速率达到兆比特/秒量级的数据链可比作"高速铁路"，这类数据链主要包括网络中心协同目标瞄准技术（NCCT）、战术目标技术组网（TTNT）、协同交战能力（CEC）等在内的各种通用数据链。还有一点需要注意，正如高速铁路之于普通铁路不仅仅在于运力提升，还在于大幅压缩城市圈、生活圈一样，宽带数据链不仅仅提升了数据速率，还带来了更高层级的作战协同能力，进而缩短了杀伤链/杀伤网的闭环时间，并最终大幅提升了作战效能与效率。

再次，根据"运力"（通信速率/带宽/吞吐量）高低，其他通信可以分为两大类："普通公路"（传统战术通信）和"高速公路"（卫星通信）。这一点应该比较好理解，战术通信与卫星通信的差别主要体现在如下几方面：**"运力"**，卫星通信能比传统战术通信提供更高的数据速率；**"地位"**，卫星通信通常用于打造战略、战役、战术等层级的"干线网"，而战术通信则通常用于打造战术层级"边缘网"；**"灵活性"**，"普通公路"可以随时随地停车、调头（战术通信灵活性很高，终端可以随时随地通信），而"高速公路"卫星通信的"路"是封闭式的且无法随意"上下高速"（必须在卫星波束覆盖范围内才能通信）；"**成本**"，"高速公路"成本自然比"村道""国道"要高。

最后，无论是"公路"还是"铁路"，都可以组成"路网"（战场通信网），且可以在特定情况下实现互通。美国空军的战场部队战术网、美国陆军的战术级作战人员信息网（目前已暂停部署）等就是典型的战场通信网。

尽管实现军用无线通信的手段很多，但具体到电子战领域，实际能够支撑电子战系统、装备通信与组网协同的手段则主要以各种数据链为主，下面再简单介绍数据链及其相关术语。

数据链概念相关术语发展概述

"数据链"一词可能很多读者都或多或少都有所耳闻，但"数据链究竟是什么"这一问题则可能没有多少人能够随口答出。尽管上面已对数据链的内涵与定义进行了形象的描述，但对于更深度理解"数据链在网络化协同电子战领域的应用"而言，还不够。因此，下面稍微深入地对数据链相关定义、术语进行介绍。

首先介绍**数据链的定义**。严格来说，"数据链"这一术语已经于 2010 年 6 月从美军军语中"删除"。下面为了从定义角度来探索数据链概念的发展，仍对其 2010 年前的定义进行阐述。

2010 年之前的美军《JP 1-02：国防部军事及相关术语词典》对于"数据链"和"战术数字信息链路（TADIL）"的定义如下。

"**数据链**指的是把一个位置与另一个位置连接起来的手段，目的是发射、接收数据。另见'战术数字信息链路'。"

"战术数字信息链路是由美国联合参谋部批准的一种**标准化通信链路**，可用于传输数字化信息。该链路可利用单网或多

网体系架构、多种通信媒介来连接两个或多个指控系统或武器系统，以交换战术信息。"

2010 年 6 月，美军发布的《JP 6-0：联合通信系统》条令中，对数据链相关术语、定义做出了较大调整，主要体现在如下两方面：其一，明确指出，在美军军语词典《JP 1-02》中"删除"了"数据链"这一术语；其二，在美军军语词典《JP 1-02》中用"战术数据链"这一术语代替了"战术数字信息链路"这一术语，但定义无任何变化。此后发布的军语词典中，对于战术数据链的定义进行了微调，但大的定义仍保持不变。

综上所述，在美军军语词典中有着明确定义的术语应该是"战术数据链"，"数据链""战术数字信息链路"等耳熟能详的术语，实际上属于"非标"术语（也就是说，本章乃至整个"原理篇"都在使用的"数据链"这一术语，实际上并不规范。但若按照规范的术语来写，会非常烦琐，望读者勿怪）。

数据链标准中的相关技术术语简述

"原理篇"后续文章中会频繁用到数据链标准中的"序列""消息"（早期亦称"报文"）等技术术语，为使读者更方便理解，下面简单介绍一下。

在数据链领域，"序列"（有时也称为"序列族"）指的是特定数据链所遵循的一系列消息格式标准，只有遵循特定格式，数据链消息才能有效传递信息。这些消息格式由许多组有序排列的字段组成；在每个字段内，待传输的信息按照指定格式编写成规定的二进制消息。综上所述，有如下两点结论。

其一，从某一特定数据链角度来讲，"序列"指的是该数据链必须遵循的一系列消息设计、发射、接收标准，如表所列。

典型战术数据链的消息序列及相关参数

数据链	link4A	link11	link16	link22
工作频段	UHF	HF/UHF	L	HF/UHF
数据速率	5000比特/秒	1364/2250比特/秒	238千比特/秒	最高12600比特/秒
组网方式	点对多	轮询	TDMA	TDMA、DTDMA
通信距离/海里	200	HF：300；UHF：25（舰－舰）、250（舰－空）	300（视距）；500（中继）	HF：1000（中继）；UHF：300（中继）
消息序列	V、R	M	J	F、FJ

其二，从消息与序列的关系角度来讲，序列可视作"消息格式标准族/标准序列"，或者说，某一"序列"中包含了一系列个体消息格式。以link 16为例，每个J序列消息格式都会由一个标签和一个子标签来作为其特有身份标识。例如，J3.7消息格式中，"3"就是标签，"7"就是子标签。这两个标签分别用5比特和3比特二进制代码来表示，因此总共有256种组合（2的8次方）。也就是说，理论上J序列族消息可以有256类消息格式，当然，实际上没有这么多。

那么，"消息"究竟是什么呢？通俗来讲，**消息可简单理解为"数据帧结构"**。具体来说，消息是数据链进行信息交换的基本单元。通常数据通信领域所说的消息是指"作为一个整体来进行传送的一组字符或比特代码序列"，而美军数据链主要采用由比特序列组成的消息，即面向比特的格式化消息。面向比特的格式化消息的主要特征是"用有序的比特序列来表示要传送的信息。"根据消息格式变化的灵活性，通常可分为四类，即固定格式消息、可变格式消息（VMF）、自由正文消息和往返计时消息。

最后，为了让读者对"消息"这一术语有更直观的印象，图中给出了 link 16 数据链 J 序列格式化消息的产生过程。

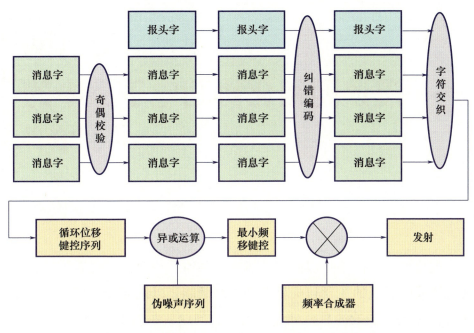

link 16 数据链 J 序列格式化消息的产生过程

总结

尽管上文说了这么多，但可能读者还是有些费解。其实没关系，过程不重要，只要能够理解"数据链可以确保实现网络化协同电子战"这一结果就行。

要有网
——漫谈网络化协同电子战中的"网"

前面讲到，网络化协同电子战中"网络乃价值创造之源"，以及网络化协同电子战的主要目标就是"以网赋能、以网释能"。可见，实现网络化协同电子战的最基础、最核心的问题就是打造一个适合电子战这一特殊领域的专用网络。

简而言之，就是要有网。

然而，战场上有很多手段与装备可以实现通信与组网，是否这些手段与装备都可以用于打造网络化协同电子战的"网"呢？

显然不是。

下面就以美军为例，简单介绍网络化协同电子战需要什么样的网，或者说哪些网可以用于电子战。

美军当前的通信与组网手段概述

如上所述，美军当前可以实现通信与组网的手段主要包括战术电台、卫星通信终端、数据链终端、战场通信网络终端这四类。

战术电台	卫星通信终端	数据链终端	战场通信网络终端
·单兵电台 ·车载电台 ·机载电台 ·舰载电台	·单兵终端 ·车载终端 ·机载终端 ·舰载终端	·单兵终端 ·车载终端 ·机载终端 ·舰载终端	·单兵终端 ·车载终端 ·机载终端 ·舰载终端

美军典型通信与组网的手段

上述这些通信与组网手段自身也在根据作战需求而不断发展。

美军战术电台经历了模拟电台、数字化电台、软件无线电、认知无线电等几个发展阶段。

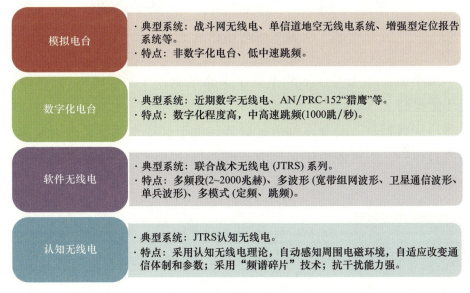

模拟电台	·典型系统：战斗网无线电、单信道地空无线电系统、增强型定位报告系统等。 ·特点：非数字化电台、低中速跳频。
数字化电台	·典型系统：近期数字无线电、AN/PRC-152"猎鹰"等。 ·特点：数字化程度高，中高速跳频(1000跳/秒)。
软件无线电	·典型系统：联合战术无线电(JTRS)系列。 ·特点：多频段(2~2000兆赫)、多波形(宽带组网波形、卫星通信波形、单兵波形)、多模式(定频、跳频)。
认知无线电	·典型系统：JTRS认知无线电。 ·特点：采用认知无线电理论，自动感知周围电磁环境，自适应改变通信体制和参数；采用"频谱碎片"技术；抗干扰能力强。

美军战术电台发展阶段

美军军用通信卫星主要有三类，即窄带通信卫星、宽带通信卫星、受保护通信卫星。这三类卫星的用途相对比较固定：窄带通信卫星主要包括 UHF 频段后续星（UFO）和移动用户目标系统（MUOS），主要用于美国海军和海军陆战队；宽带通信卫星主要包括"国防星"（DSCS）和宽带全球星（WGS），主要用于美国陆军；受保护通信卫星主要包括"军事星"（Milstar）和先进极高频（AEHF）卫星，主要用于美国各军种的核指控与通信（NC3）。目前，随着美国太空军这一新军种的成立，这些通信卫星的管理职责也逐渐从美国空军移交给了美国太空军。

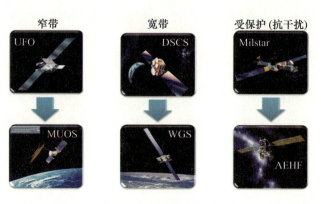

美军军用通信卫星

美军数据链主要包括战术数字信息链系列（指控链）、宽带数据链（情报链）、网络化数据链等几类。此外，还有一些专用数据链，如武器协同数据链、隐身飞机数据链等，由于这些专用数据链用途非常明确且单一，不可能用于实现电子战网络化协同，因此，本部分不做介绍。

战术数字信息链系列	·典型系统：战术数字信息链路系列 (TADIL，即link系列)，包括link11、link16、link22等。 ·特点：带宽千比特/秒量级，仅支持指挥与通信业务。
宽带数据链	·典型系统：各种通用数据链(CDL)、协同交战能力 (CEC)、网络中心协同目标瞄准技术 (NCCT) 等。 ·特点：带宽兆比特/秒量级，支持情报监视与侦察 (ISR) 业务。
网络化数据链	·典型系统：战术目标组网技术 (TTNT)。 ·特点：带宽兆比特/秒量级，支持超视距ad hoc路由，基于IP。

美军典型数据链

美军战场通信网络主要经历了点对点电台、战术互联网（TI）、移动用户设备（MSE）、联合网络节点网（JNN-N）、战术作战人员信息网（WIN-T）等几个阶段。主要关注的性能之一就是动中通（COTM）能力。

美军用于网络化协同电子战的"网"

综合来看，美军目前用于实现电子战系统组网的主要手段就是数据链。分析其原因，可能包括如下几方面：其一，数据链最大的优势就是机器到机器，可以最大限度地减少人员参与，很好地满足电子战作战的实时性要求；其二，随着数据链带宽的不断提升，可以满足电子战领域原始数据交换等高带宽需求；其三，战术电台主要用于人员之间的连通，无法满足实时性需求；其四，卫星通信带宽资源宝贵，且通常延迟较大，无法满足电子战组网对高精度同步等方面的需求；其五，战场通信网络的目的主要是确保指令通畅（即指控与通信）、运用灵活（动中通），未考虑电子战网络化协同需求。

从相关数据链标准来看，美军确定已用于实现电子战网络化协同的数据链主要包括 link 11、link 16、link 22（主要用于北约）、TTNT、NCCT。这五类数据链在网络化协同电子战方面的用途有所差别：由于 link 11、link 16、link 22 数据链带宽有限，因此主要实现的是决策层面的协同；TTNT 和 NCCT 数据链带宽较高，因此可实现数据层面、特征向量层面的协同。

当然，还需要说明一点，从更广泛领域层面来看，网络化协同电子战所依赖的网完全可以与其他领域的网实现更高层级的网络化协同，以获得更高层级的网络化协同增益。例如，主要用于实现电子战组网的 NCCT 数据链与主要用于雷达组网的 CEC 数据链就实现了网络化。由于本书主要关注的是电子战网络化协同，因此这方面本书不作介绍。之所以在此多说一句，是为了强调这样几个观点：其一，网络化协同对于所有电子信息领域（即美军所谓的 C5KISR&EW，含指控、通信、计算机、情报、监视、侦察、电子战领域）而言都至关重要；其二，网络化协同是一个分层的概念，不同层级的网络化协同会产生不同的增益，因此，在打造特定领域网络化协同所需的网络时，必须充分考虑其"内部接口"与"外部接口"；其三，某一领域内实现网络化协同面临性能瓶颈或难以解决的问题时，不妨跳出领域窠臼，从更广泛、更高层级来重新审视。

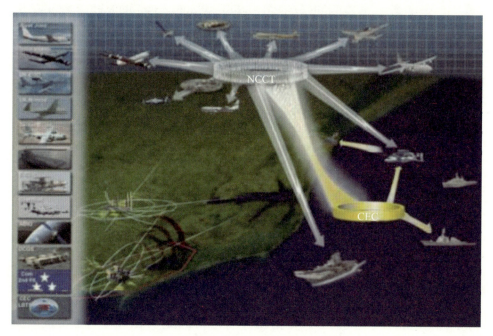

NCCT 与 CEC 实现互联

TADIL 在网络化协同电子战方面的应用概述

如上所述，link 11、link 16、link 22 等传统战术数字信息链路通常带宽很窄，只有 kb/s 量级，因此，在网络化协同电子战方面的应用主要是实现指令级（指控级）协同，特殊情况下也可以实现原始信息级

协同。具体来说，link 11、link 16 数据链都包含专门的消息格式，以实现多种作战场景下的电子战协同。目前，美军不同的战术数据链主要采用的消息标准类型如表所列，其中，link 11、link 16、link 22 标准分别是 M 序列、J 序列、FJ/F 序列。

不同战术数据链的消息标准

数据链	消息标准
link 1	B 序列、S 序列
link 4	V 序列、R 序列
link 11/11B	M 序列
link 16	J 序列
link 22	FJ 序列、F 序列
VMF	K 序列

link 11 与电子战相关的消息序列如表所列。

link 11 数据链与电子战相关的消息序列

消息序列	消息名称
M.6A	电子对抗截获数据消息
M.6B	电子战支援主消息
M.86B	增强型电子战支援消息
M.6C	电子战支援参数消息
M.86C	增强型电子战支援参数消息
M.6D	电子战协同与控制消息
M.86D	增强型电子战协同与控制消息
M.11M	电子战／情报消息
M.811M	增强型电子战／情报消息

link 16 与电子战相关的消息序列如表所列。

link 16 数据链与电子战相关的消息序列

消息序列	消息名称
J3.7	电子战产品信息
J9.2	电子反对抗措施协同
J14.0	参数信息（电子战专用消息）
J14.2	电子战控制与协同（电子战专用消息）

link 22 与电子战相关的消息序列如表所列。

link 22 数据链与电子战相关的消息序列

消息序列	消息名称
F00.1-0	电子战测向初始字
F00.1-1	电子战定位初始字
F00.1-2	电子战位置字
F00.1-3	电子战强化字
F00.2-0	电子战概率域初始字
F00.2-1	电子战概率域强化字
F00.3-0	电子战产品辐射源与电子对抗措施字
F00.3-1	电子战参数频率字
F00.3-2	电子战参数脉冲宽度/脉冲重复频率/天线扫描模式字
F00.3-3	电子战平台字
F00.4-0	电子战协同初始字
F00.4-1	电子战联合字
F00.4-2	电子战协同电子对抗措施字
F00.4-3	电子战协同辐射控制字
F6	电子战应急字
FJ13.2C4	空中电子战状态持续性字

宽带网络化数据链在网络化协同电子战方面的应用概述

如上所述，TTNT 与 NCCT 是典型的宽带网络化数据链，其带宽都可达到兆比特/秒量级，并且都支持 IP 协议。因此，它们在网络化协同电子战领域的应用就更加广泛，可实现指令级、特征向量级乃至原始数据级网络化协同。

TTNT 是一种组网技术，更确切来讲，是一种网络化数据链技术。由该技术构建的网络是目前美国空军机载网络中的重要战术边缘网络。该数据链与传统数据链（如 link 4A、link 11、link 16 等）最大的区别不在于带宽的扩展，而在于 TTNT 是真正意义上的"网络"，它摆脱了数据链那种点对点的通信方式，而转向了基于 IP 的 Ad hoc 网络这种无中心、自组织的网络。这种"从链到网"的变化影响巨大，例如，正是因为具备了 IP 路由这种能力，才让 TTNT 网络能够支持超过 1000 个用户。**TTNT 在网络化协同电子战领域的应用主要是实现了 EA-18G "咆哮者" 电子战飞机的网络化协同精准无源定位，定位精度达到了火力引导级。**

NCCT 项目是美国空军为适应网络中心战而资助和管理的一个研究项目，目标是开发综合情报监视与侦察系统和平台，以及检测、识别和定位目标所需的技术与子节点分析工具。NCCT 核心技术业务应用包括（但不限于）信号情报与信号情报的关联、地面动目标指示与信号情报的关联。子节点分析工具的作战应用包括（但不限于）识别敌方指挥、控制、通信、计算机、情报（C^4I）网络中的子节点应用情况与预期效能，建立执行计划模型，确定是否需要破坏或监测目标网络节点，以及根据不断变化的战场状态调整行动方案。NCCT 采用机器到机器接口和 IP 协议连接来协同传感器的交叉提示和信号收集活动。总体来看，NCCT 兼具了数据链（连通性）、电子战/信号情报（功能性）、战斗管理（尤其是电磁战斗管理）三大功能。**NCCT 在网络化协同电子战领域的应用主要是实现了美国空军 EC-130H "罗盘呼**

叫"电子战飞机、RC-135V/W"联合铆钉"电子侦察与信号情报飞机、"高级侦查员"战场专用情报飞机、F-16CJ对敌防空压制飞机等电子战装备的网络化集成，并最终通过"舒特计划"形成了包括电子战、赛博空间作战、信息火力一体化作战等战斗力。

结语

凡事皆有"体与用""理与事"之分，网络化协同电子战亦然。

网络化协同电子战所具备的诸多"增益""优势"均属"用""事"之范畴，究其"体""理"，则为"网"。

于网络化协同电子战而言，仅见其"用""事"终觉肤浅，细究其"体""理"方可触其本质。

杜甫诗云"细推物理须行乐，何用浮名绊此身"，至理矣。

link 11 在网络化协同电子战中的应用

link 11 数据链是比较早期开发的数据链,于 20 世纪 60 年代开始开发、20 世纪 70 年代投入使用,原计划服役到 2015 年,但直到当前仍然是美军(尤其是美国海军,如第七舰队)最主要的数据链之一,同时也是美国与其盟国(北约国家、日本、韩国、泰国、新加坡、菲

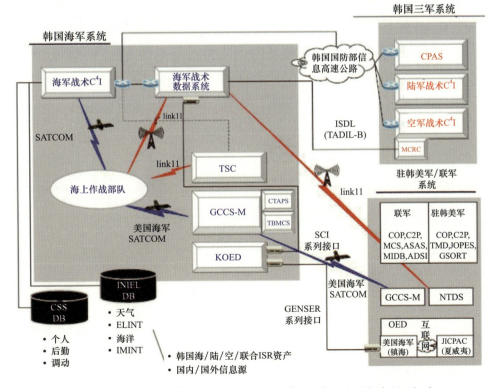

韩国海军战术 C⁴I 系统(包括与美军系统)的连接关系

律宾等)之间的主要跨国通信手段之一(驻韩美军与韩国军队之间基于 link 11 的通信连接如图所示),中国台湾地区的相关平台上也有该数据链部署。在不断发展演变的过程中,link 11 所支持的作战功能也不断增多,目前已经具备了反潜战、电子战、战区导弹防御、武器 / 交战状态报告等功能。

其中,电子战是其专门的作战功能之一,link 11 也在其标准(北约军标 STANAG 5511)中专门规定了一系列消息序列,前文已有涉及,此不赘述。下面主要对"link 11 如何支撑网络化协同电子战"进行描述。

link 11 数据链概述

其实,link 11 是北约的命名,美军称为 A 型战术数据信息链路(TADIL A)。广义上讲,link 11 系列数据链还包括 link 4、link 4A、link 4C、link 11B(陆基型)等变体。这是一类保密的数字化数据链,主要为包括美国在内的北约国家海军(有时候也用于陆军)提供岸 –舰、舰 – 舰、舰 – 空、空 – 空或地面防空作战单元间的通信。以 link 11 与 link 11B 在防空反导中的应用为例,其典型应用场景如图所示。

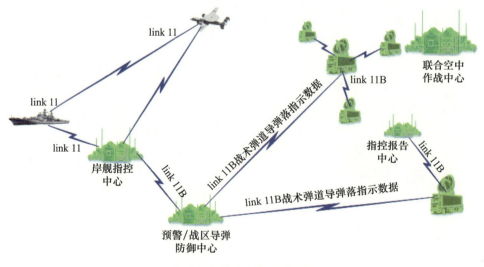

link 11 典型应用场景

由于研发、部署时间较早，link 11 数据链在很多国家、很多类型平台上都广有部署，并且经历了诸如海湾战争、伊拉克战争、科索沃战争等局部冲突的实战检验。例如，在伊拉克战争中，link 11 数据链就确保了加载有该数据链终端的相关平台（如舰艇、飞机）间的战术数据的交换。交战过程中，来自各个单独平台传感器的数据首先传送到一个计算机处理系统中，并被确定为航迹数据；然后，该航迹数据与现有的航迹实现关联；之后，由人员或机器对参数进行评估和识别；若评估和识别结果满足本平台的报告标准，那么该航迹数据就通过 link 11 无线电通信网进行传输。最终，link 11 网络中其他所有平台就都能接收到该数据并可以在其计算机系统中对该数据进行关联，并在每个平台的指挥系统中生成有关整个部队的战术态势。

应用想定

考虑到"消息序列"等内容太过专业（也不是我们的介绍重点），因此，本部分首先想定了一个"利用 link 11 数据链实现电子战网络化协同"的场景，作为本文的切入点。

美军某海上编队正在某海域执行任务，某艘"阿利伯克"级驱逐舰的舰载 link 11 终端收到了一条来自于其他舰船的 1 条 M.6B 电子支援措施主消息，其中威胁评估门限字段为 1（EVSE=1），也就是说，发现了威胁目标。具体来说，解析后得到如下信息"威胁评估：是；平台：苏-35 战斗机；方位：X 坐标 ××、Y 坐标 ××"。

随后，该驱逐舰的舰载 link 11 终端又收到了来自同一艘舰船的一条 M.6D 电子战协同与控制消息，消息中的控制字段为 4（Control=4）。也就是说，该艘舰船在向"阿利伯克"级驱逐舰发起电子战协同请求，具体来说，"控制字段为

4"意味着请求对威胁目标实施定向搜索。于是,"阿利伯克"级驱逐舰利用其舰载 AN/SSQ-137(V)舰船信号利用装置(SSEE)系统对指定的方向开展电子侦察,即在该方向上针对苏-35 战斗机机载通信系统、雷达系统、电子战系统等用频系统的特定频率进行信号搜索。具体来说,SSEE 系统重点针对"雪豹"雷达系统、"希比内"电子战系统、S-108 通信系统、NKVS-27 通信系统等用频系统所用的 HF、VHF、UHF、X 等频段进行搜索侦察。

　　SSEE 系统在对搜索到的信号进行分析("评估")以后认为,应该对苏-35 战斗机实施网络化协同航迹评估。"阿利伯克"级驱逐舰首先根据 link 11 相关消息标准生成苏-35 战斗机航迹,生成 M.6A 电子对抗措施截获数据消息,并利用舰载 link 11 终端发送给加载有水面电子战改进项目(SEWIP)系统的"提康德罗加"级巡洋舰。紧接着又发送了 M.6D 电子战协同与控制消息且消息中控制字段为 14(Control=14),即"阿利伯克"级驱逐舰和"提康德罗加"级巡洋舰通过舰载电子战系统协同,对苏-35 进行网络化协同航迹评估,并最终得出航迹。

link 11 电子战相关消息概述

　　从以上想定中可见,link 11 数据链标准中专门有用于电子战领域的消息格式,想定中所涉及的主要是 M.6A 电子对抗措施截获数据消息、M.6B 电子支援措施主消息、M.6D 电子战协同与控制消息这三类,实际上,link 11 的电子战专用消息有近 10 类,这些消息共同实现了电子战数据报告、电子战数据关联、电子战协同与控制、电子战与情报融合等功能。

link 11 数据链电子战相关消息及其功能示意图

上述这些消息的主要功能如表所列。

link 11 数据链电子战相关消息具体功能

消息	功能
M.6A 电子对抗措施截获数据消息	报告方位线的参数数据，该方位线用来指示干扰选通，干扰选通源自截获该选通的航迹
M.6B 电子支援措施主消息	报告航迹号、威胁评估、平台、方位
M.86B 增强型电子支援措施消息	报告锁定干扰机数据、方位精度、时间陈旧、辐射源数目、模式和评估置信度或频率/频率范围、广义类别、增强型特点
M.6C 电子支援措施参数消息	报告脉冲重复频率、抖动和扫描类型
M.86C 增强型电子支援措施参数消息	报告脉冲宽度、极化和天线扫描周期或扫描速率
M.6D 电子战协同与控制消息	提供电子战协同与控制
M.86D 增强型电子战协同与控制消息	控制字段为 5（Control=5）时，提供搜索区域，或提供要搜索的辐射源编号或辐射源功能

下面以 M.6D 电子战协同与控制消息中的"定向搜索"消息（控制字段 Control=4）为例，大致展示一下 link 11 数据链电子战消息的帧结构，以便读者对 link 11 消息有个直观的认知。帧结构中，"航迹号接收地址"长度为 7 位（位置为 41~47），"倍频器"长度为 3 位（位置为 38~40），"频率/频段"长度为 14 位（位置为 24~37）。

:47 46 45 44 43 42 41:	40 39 38:	37 36 35 34 33 32 31 30 29 28 27 26 25 24:
航迹号接收地址	倍频器	频率/频段
7	3	14

link 11 数据链 M.6D 电子战协同与控制"定向搜索"
消息帧结构示意图

结语

美军对电子战信息（无论是原始信息还是分析过的信息）交换的需求非常迫切，并且需要尽可能地提高信息交换效率。然而，从 link 11 的电子战专用消息序列（M.6 序列消息）对网络化协同电子战能力的支持能力来看，主要还是停留在指令级协同方面。尤其是专用的 M.6D 电子战协同与控制消息和 M.86D 增强型电子战协同与控制消息，主要的功能也仅仅是协同辐射源搜索与协同航迹评估，几乎不具备电子干扰、电子欺骗的网络化协同能力。

因此，在美国以外的北约国家的大力推动下，对 link 11 进行了大刀阔斧的升级、改造、替换，即研发 link 22 数据链。link 22 数据链的主要目标是以较低费用更新、替换 link 11 数据链，并最终补充完善 link 16。

关于 link 22 在网络化协同电子战中的应用，且听下回分解。

link 22 在网络化协同电子战中的应用

前面讲到，link 11 数据链在网络化协同电子战领域的应用还存在诸多局限性，那么，作为 link 11 数据链升级版、替换版的 link 22 数据链在网络化协同电子战方面的应用又有了哪些改善呢？这里将围绕这一问题开展相关阐述。

link 22 数据链概述

美国海军和北约国家于 20 世纪 80 年代发起了"北约改进 link 11"（NILE）项目计划，研制新型战术数据链，以更新并最终替代 link 11 数据链以及补充完善 link 16 数据链的战术功能，其作战应用示意如图所示。该项目有美国、加拿大、法国、德国、意大利、荷兰、英国参加，其所定义的下一代数据链即命名为 link 22。

美国海军是美军有意向使用 link 22 数据链的主要军种。在初始部署阶段，估计不会多于 5% 的美军平台会装备 link 22 终端。美国海军计划在水面舰艇的指控平台部署 link 22 数据链终端，以补充完善 link 16 的超视距战术数据交换能力。美国其他军种则可能陆续用 link 22 数据链终端替代过时的 link 11B 终端。英国、德国、意大利海军也表达了很强的部署意向。

网络化协同电子战：电磁频谱战体系破击的基石

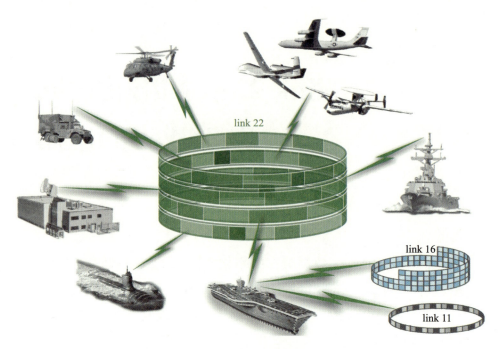

link 22 典型作战应用场景示意图

总体来看，link 22 数据链的开发、测试、部署过程推进得并不是很快。2019 年，泰勒斯公司宣布与 Atos 公司合作开发，以便在 Toplink 战术数据链处理器中集成 link 22 功能。2020 年，有报道称，德国已把 link 22 数据链能力集成到了其海军监视系统中。2021 年，意大利莱昂纳多 DRS 公司完成了 link 22 数据链信号处理控制器在 link 22 网络中的互操作测试。

应用想定

与 link 11 数据链类似，link 22 数据链的消息标准也是按照功能领域来划分的，包括系统信息交换与网络管理类消息、用户位置与标识类消息、空中监视类消息、水面监视类消息、水下监视类消息、地面监视类消息、太空监视类消息、**电子战类消息（含电子监视）**、情报类消息、任务管理类消息、武器协同与管理类消息、信息管理类消息。根据 link 22 数据链中有关电子战相关消息的规定，给出如下作战场景想定。

202X 年，北约国家在北大西洋某海域组织多国联合海上电磁频谱作战例行演习。演习中，北约国家以某大国竞争对手作为假想敌。

某国派出的察打一体无人机（在 link 22 用户分类中，属于非电子战用户）的自卫电子干扰机的接收机接收到了可能是对手空中平台发射的射频信号，但由于无人机的侦察载荷以引导火力攻击为主要功能，电子侦察系统能力非常有限，仅仅获取了该信号的频率、粗略方向等信息，无法持续跟踪该信号，更无法形成目标航迹。因此，无人机利用机载 link 22 数据链终端向就近的三个搭载有 link 22 数据链终端的电子战用户（一艘猎装有电子战系统的驱逐舰、一架电子侦察机、一架电子战飞机，在 link 22 用户分类中它们都属于电子战用户）发送了定向搜索请求消息，请求其在特定区域搜索指定频率的信号并报告结果。

这三个用户收到请求后，即利用各自 link 22 数据链终端发送了"F00.4-0 电子战初始协同消息"和"F00.4-1 电子战关联消息"。之后，这三个用户平台分别利用各自的电子战系统（舰船利用其舰船信号利用装置、电子侦察机利用其专用信号情报系统、电子战飞机利用其干扰机的接收部分）对目标信号实施网络化协同电子侦察，获取了其方位线、位置、概率区域等信息，并生成了关于该信号所关联目标的航迹。之后，利用 link 22 数据链终端发起电子战监视报告，分别发送了"F00.1-0 电子战初始方位消息""F00.1-1 电子战初始定位消息""F00.2-0 电子战初始概率区域消息"。

指挥中心深度评估以后，认为需要对该威胁实施网络化协同电子对抗，因此，向威胁目标周边的具备电子攻击能力的电子战用户发送了"F00.4-0 电子战初始协同消息"，并发送了干扰请求。考虑到威胁目标信号频段带宽很窄，因此，要求对威胁目标辐射源所在平台、频段实施网络化协同全频段压制干扰。收到该消息后，相关电子战用户利用各自平台上搭载的电子战设备，根据各自相对位置对目标实施时分、空分结合的跟踪式全频段干扰，直到目标飞离该区域。此时，指挥中心发送停止干扰消息，干扰停止。

link 22 电子战相关消息概述

link 22 数据链可以交换多种电子战数据，这些数据可以是源自、支撑或执行电子支援措施、电子对抗措施、电子防护措施的数据。无论是电子战用户（具备建制电子战处理能力，并且能够收集、分析电子支援措施参数数据并生成电子战监视产品信息的用户），还是非电子战用户（不具备建制电子战处理能力，但可请求使用电子战监视产品信息以实现该信息与本地其他类型监视信息融合的用户），都可利用 link 22 数据链来交换电子战数据。

link 22 数据链消息格式中与电子战相关的消息有 10 多种，主要实现电子战监视报告、电子战控制与协同两方面功能。

下面以"F00.4-2 电子战协同电子对抗措施消息"为例，大致展示一下 link 22 数据链电子战相关消息的帧结构，以便读者对 link 22 消息有个直观的认知。帧结构中，"时、分、秒"表示当前时间；"数据库指示符"描述的是威胁辐射源/平台编号与哪个数据库关联；"辐射源编号"指的是准备干扰或欺骗的特定威胁辐射源在相关辐射源数据库中的编号；"诱饵类型"包括有源干扰诱饵、箔条、红外干扰弹、光电诱

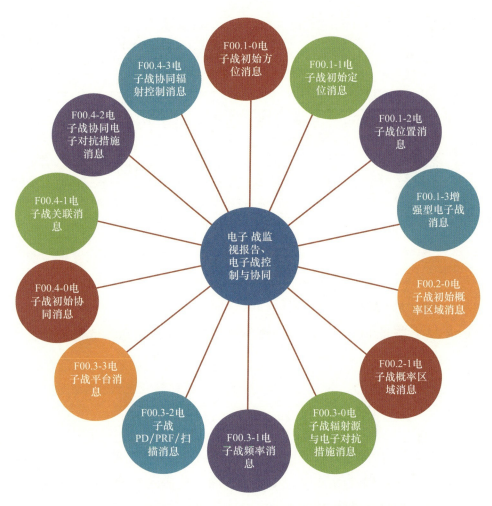

link 22 数据链电子战相关消息及其功能示意图

饵、角反射器等;"诱饵任务"包括引诱(发射导弹寻的器锁定信号)、迷惑(迟滞导弹目标选择能力)、吸引注意力(欺骗导弹的初始锁定环节)等;"扇区/概率区域切换"指是否限定扇区或概率区域;"方位线,3"指的是威胁辐射源方位角。

23:22 21 20 19 18 17:16 15 14 13 12 11:	10 09:08	07 06:05	04:03	02 01:00 :
← 分　　　　　秒	字数, 2	F序列子标签	F序列标签	标签指示符 : 序列指示符
6　　　　　　6	2	3	2	3 : 1

:47 46:45 44 43 42 41 40 39 38 37 36 35 34 33 32 31 30 29:	28:27 26 25	24
← 辐射源编号 空	数据库指示符 诱饵任务 诱饵类型	时
18	5	

:71 70 69 68 67 66 65 64 63 62 61 60 59 58 57 56 55 54 53:52:	51	50 49 48
扇区宽度　　　　　　方位线, 3	初始方位线, 2 SEC AOP SW	空
19	:1	6

SEC AOP SW：扇区/概率区域切换

link 22 数据链 F00.4-2 电子战协同电子对抗措施消息帧结构示意图

结语

单纯从电子战网络化协同能力角度来看，link 22 数据链比 link 11 数据链有了很大程度的提升，尤其是在网络化协同电子攻击方面（"网络化协同电子对抗措施"）。

然而，目前 link 22 数据链的用户仍主要是美国以外为数不多的几个北约国家，而且该数据链的实战部署推进也不是很顺利。尤其是对于美军而言，其最倚重的战术数字信息链路仍然是 J 型战术数字信息链路，即北约所称的 link 16。link 16 也是整个美军范围内应用最广泛的战术数据链。

那么，link 16 在美军电子战网络化协同方面的应用情况如何呢？且听下回分解。

link 16 在网络化协同电子战中的应用

前面讲到，无论是 link 11 数据链还是 link 22 数据链，都不是美军应用最为广泛的数据链，link 16 数据链才是。那么，作为美军应用最为广泛的战术数据链，link 16 数据链在网络化协同电子战方面的应用又有哪些特点与优势呢？本文即围绕这一问题展开论述。

link 16 数据链概述

link 16 数据链（这是北约的命名，美国称为 TADIL-J 数据链），是美军用于指控与情报传输的最主要战术数据链，可用于抗干扰、数据/话音加密、视距通信、导航和识别并支持监视数据、电子战数据、战斗任务、武器分配和控制数据的交换。

link 16 是保密、大容量、抗干扰数据链，其主要终端包括联合战术信息分发系统和多功能信息分发系统，采用 J 序列消息。link 16 是基于 link 11 和 link 4A 新发展的数据链，link 16 并没有显著改变 link 11 和 link 4A 多年来支持的战术数据链信息交换的基本概念，相反，它对现有战术数据链的能力进行了某种技术和操作上的提升。

当前，亚太地区包括美军第七舰队，东北亚的日本、韩国以及中国台湾地区等都部署了 link 16 数据链。link 16 数据链是当前美军主战平台的基本配置，广泛应用于海、陆、空各类平台。

网络化协同电子战：电磁频谱战体系破击的基石

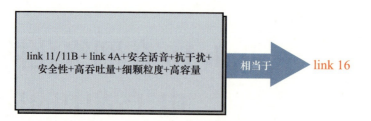

link 11~link 16 的能力提升

link 16 终端可搭载在各类平台上

具体来说，相关国家、地区军用平台列装 link 16 数据链的情况如表中所示。

link 16 列装情况

平台类型	美军	其他国家/地区
空中	AH-64E、MH-60S/R、P-3C、P-8A、E-2C/D、F-14D、F/A-18、EA-6B、EP-3、EA-18G、F-35A/B/C、E-3、RC-135、E-8（JSTARS）、EC-130、F-15A/B/C/D/E、F-16、B-1、B-2、B-52、F-22（只收不发）	澳大利亚 C-130J、澳大利亚 E-7A、空客 A330/KC-30A、"台风""阵风"、"幻影"2000、JAS 39、"龙卷风"、萨博 340 预警机、ATR 72MP、R-99、SW-61 "海王"、日本 E-767
海上	航空母舰、导弹巡洋舰、导弹驱逐舰、两栖通用攻击舰、两栖攻击船坞、核动力潜艇	英、加、澳、法、意、西、丹、挪、荷、新、德等国护卫舰，法"戴高乐"级航空母舰，意"加富尔"级、"朱塞佩·加里波第"级航空母舰，瑞典"维斯比"级护卫舰，日"秋月"级、"金刚"级驱逐舰，韩"世宗大王"级驱逐舰等
地面	作战中心、指控中心、分布式通用地面系统、"爱国者"与"萨德"导弹防御系统、联合战术地面站等	以色列 Arrw 导弹防御系统、法国 Aster 导弹防御系统、挪威 NASAMS 导弹防御系统
武器	GBU-53/B 炸弹、AGM-154 导弹等	

美军 link 16 数据链典型作战应用

link 16 起源于 20 世纪 70 年代，用于从机载预警和控制系统飞机与军舰向美国空军 F-15 战斗机及美国海军 F-14 拦截机提供态势感知、跟踪和目标定位信息。该系统使配备数据链的飞机可以在无须启动自身雷达系统的情况下接收雷达跟踪数据。

JTIDS 终端从 1983 年开始列装 E-3A 预警机、美军的陆基防空系统地面指挥所和北约的地面防空管制站，主要用于分发 E-3A 预警机的监视情报数据，采用以 link 11 的格式化消息标准为基础发展而来的临时格式化消息标准。

网络化协同电子战：电磁频谱战体系破击的基石

20世纪90年代，link 16开始不仅应用于分发通用作战图（CP），还使地面或机载控制人员可以通过数据链向飞机提供所需的方向信息。当时信息不是在网络范围内分发的，更多的是指挥和控制平台与飞机之间的点对点操作。

1991年海湾战争中，JTIDS终端经历了第一次实战考验，战后美军加速了JTIDS终端的建设与发展。1991年底，美国海军在弗吉尼亚测试场对JTIDS进行了首次三军联合测试，1992年又在"提康德罗加"级巡洋舰上进行测试。

之后，美军推出了诸如小型战术终端等系统来满足小型化需求，以安装在包括直升机、无人机和地面车辆在内的各种平台上。

1. 总体应用情况概述

当前，link 16装备可搭载在海、陆、空平台，实现海、陆、空平台的协同作战，支持海、陆、空作战域多域作战。当前link 16运用场景图如图所示。

link 16运用场景示意图

58

考虑到美军当前已经在陆、海、空各种平台上部署了大量终端（据统计，美国及其盟国总共部署了约 10 万部各类 link 16 终端），实现了从视距通信向超视距通信转型，这可以为传统 link 16 终端带来革命性的巨大优势，而视距的扩展有望进一步让 link 16 这种战术数据链逐步向战略通信与态势共享手段转型。这也是星载 link 16 终端的最大意义之一。基于星载 link 16 终端的预期超视距通信能力如图所示。具体来说，星载 link 16 终端带来的影响可以总结为视距扩展、多网融合、灵活接入、抗跟踪干扰能力提升。

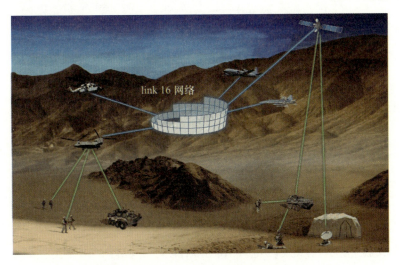

星载 link 16 可提供超视距通信能力

2. link 16 在航母战斗群防空指控与通信中的应用

航母战斗群中，link 16 终端广泛列装了美军舰艇、预警机、战斗机、侦察巡逻机等，可实现舰－空（双向）、潜－舰（双向）、空－潜（双向）和舰－舰（双向）通信。以多航母战斗群防空指控与通信为例，主要利用了基于卫星的 link 16 终端和联合距离扩展（JRE）系统。JRE 是 link 16 的距离扩展型系统，使 link 16 数据可以通过保密 IP 路由器网利用 TCP/IP 格式发送到其他航母战斗群。

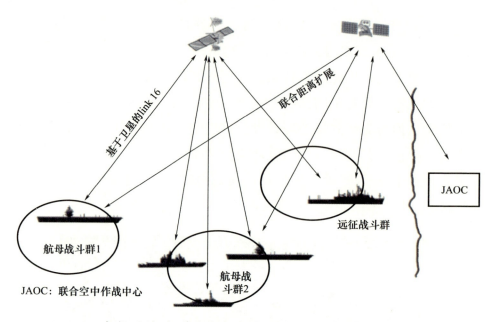

link 16 在航母战斗群防空指控与通信中的应用（多战斗群）

link 16 在电子战领域的应用分析

在电子战方面，与 link 11 数据链相比，link 16 数据链的电子战参数信息交换能力更强大，电子战控制能力更多样，并且能够完全交换所有类型的电子战指令。link 16 数据链电子战单元之间交换电子战参数数据和指令时，可以在其各自的网络用户组内完成；但交换电子战产品信息时，需要在监视网络用户组内完成。link 16 中的电子战网络用户组和监视网络用户组之间也可以交换、分发电子战参数数据与产品数据。

从电子战领域角度来看，**link 16 旨在支持协同电子战和数据融合概念**。link 16 支持的电子战数据有两种类型：参数数据和产品数据。

（1）**参数数据**包括原始的、未评估的电子战截获信号和从其他电子战平台上搭载的电子战系统所接收的参数数据，这些电子战系统包括美国海军舰载 AN/SLQ-32 电子战系统或 E-2C/D 预警机载 AN/ALR-

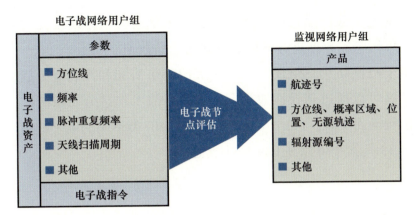

link 16 中两个网络用户组实现电子战参数与产品数据分发示意图

73 电子侦察系统等。参数数据包括目标辐射源位置、概率区域和方位线等方面的数据。

（2）产品数据是评估（分析、处理）后的数据。通常，这意味着电子战协调器或其他有资格的操作人员已经评估过了来自一个或多个用户所截获的信号，并且已经开发出了被认为具有普遍战术意义的产品。link 16 中有两个不同类型的网络用户组可以交换电子战数据，即电子战网络用户组和监视网络用户组。

为了实现协同电子战，电子战网络用户组可以供所有具备无源电子战能力的联合战术信息分发系统单元使用，以交换关于电子战检测到的信号的详细参数数据，这些信号包括电子支援系统和无线电测向系统所截获的信号，以及电子攻击干扰选通器所截获的信号。这样做的原因是**让所有用户把原始（未评估的）数据直接从无源传感器发送到电子战网络用户组内**。为了实现数据融合，某些能够处理来自不同来源的大量电子战数据的系统负责接收、关联和评估所报告的数据，并开发出电子战"产品"，即经过评估的目标辐射源方位线、概率区域和位置。

然后，上述这些评估产品在广域监视网络用户组内向所有参与的联合战术信息分发系统单元报告。如果操作人员选择向监视网络用户组发送单用户生成的电子战产品，link 16 也会允许。在此，所谓单用户生成的电子战产品指的是单个联合战术信息分发系统单元对其自己的电子战传感器数据进行评估后得到的产品数据。

电子战网络用户组还允许电子战协调员协同和控制电子战数据的报告，这可以通过选择性地指示特定联合战术信息分发系统单元来实施特定行动而实现。link 16 允许分发大约 30 类不同的电子战指令，其中只有 15 类指令可以在 link 11 上传送。

应用想定

与 link 11、link 22 数据链类似，link 16 数据链的消息标准也是按照功能领域来划分的，包括系统信息交流与网络管理消息、用户精确定位与识别消息、空中监视消息、水面监视消息、水下监视消息、陆地监视消息、太空监视消息、**电子监视消息、电子战/情报消息**、任务管理消息、武器协同与管理消息、控制消息、信息管理消息。可见，link 16 数据链标准中，电子战消息分布在了"电子监视消息"和"电子战/情报消息"这两类消息中。

根据 link 16 数据链中有关电子战相关消息的规定，给出如下作战场景想定。

202X 年，美国海军在印太地区组织 202X 舰队实验例行演习。演习中，美国海军以某大国竞争对手作为假想敌，因此，除了常规舰艇以外，还出动了一个航母战斗群。考虑到潜在对手充分依托本土优势构建起了强大的传感器网络，此次演习以"电磁静默化条件下的海上突防"为主题。也就是说，演习过程中，完全不用或仅在非常苛刻的条件下才使用美国海军包括雷达在内的有源设备。

具体来说，为了应对上述挑战、达到电磁静默的目标，美国海军需要在整个电磁频谱内降低其信号特征。除了努力通过电磁辐射控制措施和隐身技术来降低平台的射频特征之外，还采取各种技术来降低平台的光电和红外信号特征，同时还要辅以无源/低功率有源对抗措施，进一步隐藏平台的特征或形成更加逼真的假目标。大致场景如图所示。

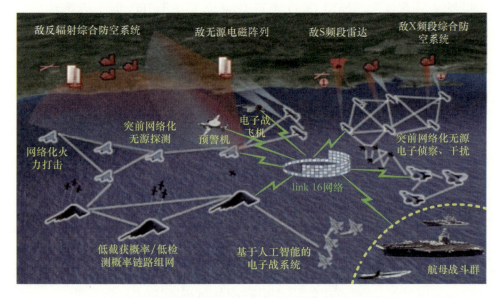

面向强敌的网络化协同电磁静默作战示意图

演习中，美国海军突前的 E-2D 预警机借助其机载 AN/ALR-73 无源探测系统和 AN/ALQ-217 电子支援系统（"鹰眼"2000）发现了敌方综合防空系统中的雷达信号和无线网络信号，此后，本地生成 link 16 数据链"J 3.7 电子战产品信息消息""J14.0 电子战参数信息消息"并借助其机载 link 16 联合战术信息分发系统 2 类终端在 link 16 第 7 网络用户组内发送。

美国海军具备情报融合与情报处理的水面舰艇接收到该消息后，进行分析评估，认为发出信号的目标是重大威胁，因此，用舰载 link 16 终端向部署在相关区域的空中、海上平台分发上述消息，同时分发"J14.2 电子战控制/协同消息"，请求对目标实施网络化协同高精度无源电子侦察。收到该消息后，E-2D 预警机（搭载有 AN/ALR-73 无源探测系统和 AN/ALQ-217 电子支援系统）、突前无人机群（搭载有小型化抵近式电子侦察系统）、"阿利·伯克"级导弹驱逐舰（搭载有"宙斯盾"系统和 AN/SLQ-32 电子战系统）、EA-18G 电子战飞机（搭载有下一代干扰机系统）等借助各自所搭载的 link 16 终端实施原始数据级网络化协同电子支援侦察，通过无源方式快速获取有关威胁目标（敌综合防空系统）的电磁战斗序列。

之后，该电磁战斗序列以 link 16 消息方式在第 8 网络用户组（"武器协同"，支持 J9.0、J9.1、J9.2、J10.2、J10.3、J10.5、J10.6 消息）和第 10 网络用户组（"电子战"，支持 J14.0、J14.2 消息）内共享。研判分析后，美海军综合利用电子攻击、火力打击等方式针对敌综合防空系统实施信息–火力一体化攻击，最终实现"电磁静默化条件下的海上突防"目标。

小知识：电磁战斗序列

根据《JP 3-85：联合电磁频谱作战》条令的定义，电磁战斗序列是整个战斗序列的一个子集，它包括用频系统的身份、优点、指挥架构、部署，以及工作参数等。这包括作战区域内的辐射系统、接收系统和非活动系统，或随时可以部署的系统。电磁战斗序列是对感兴趣区域的发射机和接收机进行识别，使其与被支持的系统和平台建立联系，从而确定其地理位置和机动范围，并对其信号和电磁频谱参数进行描述，如果可能的话，还可以确定其在更大的成建制战斗序列中的作用。鉴于电磁频谱的性质，联合电磁频谱作战要考虑特定电磁作战环境中的所有发射机和接收机，而不管其来源或意图。

电磁战斗序列是无源电子侦察的最主要产品之一。

link 16 电子战相关消息概述

link 16 数据链消息格式中与电子战相关的消息有 J 3.7 电子战产品信息消息、J14.0 电子战参数信息消息、J14.2 电子战控制/协同消息三大类，主要实现电子战报告、电子战产品信息报告职责划分、电子战信息管理、电子战产品信息相关、电子战控制与协同等方面的功能。

link 16 数据链电子战相关消息及其功能示意图

以美国海军与海军陆战队为例，上述三类消息在各类平台、系统中的应用如表所列。

link 16 数据链电子战消息在美国海军/海军陆战队各类平台、系统的应用

消息	平台	应用概述
J3.7	水面舰艇	美国海军舰艇可接收第 7 网络用户组（"监视"）电子战产品信息消息。美国海军要求水面平台发送、接收和处理该消息中除连续字 5 之外的所有数据字。"宙斯盾" Model 4 系统可按需处理该消息。在某些涉密条件下，高级作战指挥系统（ACDS）block 0 也可以处理除连续字 3 以外的消息。ACDS block 1 系统和舰船自卫系统（SSDS）Mark 2 必须严格遵守"只收不发"的要求

（续）

消息	平台	应用概述
J3.7	飞机	美国海军所有飞机都可以接收 NPG 7 电子战产品信息消息。美国海军要求 E-2C/D 发送、接收和处理该消息中除连续字 5 之外的所有数据字。美国海军要求其所有战斗机仅需接收和处理该消息中除连续字 5 之外的所有数据字
J14.0	水面舰艇	水面舰艇通过 link 16 第 10 网络用户组（"电子战"）实现电子战功能。美国海军要求水面平台发送、接收和处理除连续字 6 之外所有的 J14.0 电子战参数消息数据字。"宙斯盾" Model 4 系统可处理除连续字 2 之外的消息。所有"宙斯盾" Model 5 系统都完全符合美国海军上述要求
J14.0	飞机	E-2C/D 通过 link 16 第 10 网络用户组实现电子战功能。美国海军要求 E-2C/D 发送、接收和处理除连续字 6 之外所有的 J14.0 电子战参数消息数据字。两个 E-2C/D 基线（MCU、J9）都符合这一要求。然而，美国海军战斗机不需要处理该消息
J14.2	水面舰艇	目前，美国海军大多舰艇都无法接收电子战指令。美国海军要求水面平台发送、接收和处理该消息中除连续字 7 之外的所有电子战控制与协同消息数据字。ACDS block 0 系统完全不具备处理该消息的能力。"宙斯盾" Model 4 系统可以接收和处理消息初始字和扩展字，但不能发送消息，它们也不能处理任何连续字。在"宙斯盾" Model 5 系统中，只有 ACDS block1 和 SSDS Mark 2 系统完全符合要求。然而，任何"宙斯盾" Model 5 基线系统都无法处理该消息，收到消息时，它们自动生成"无法处理"收据消息。"宙斯盾" Model 5 系统这种电子战指令接收、响应方式都是机器自主做出的，操作人员对此一无所知
J14.2	飞机	美国海军指控飞机需要发送、接收和处理除了连续字 6 和 7 之外的所有"J14.2 电子战控制与协同消息"数据字。E-2C/D 预警机 MCU 基线型可处理除连续字 3 之外的所有所需数据字。E-2C/D 预警机 J9 基线型只具备完全处理初始字和扩展字的能力。美国海军战斗机都不需要处理电子战控制与协同消息

下面以"J14.2I 电子战控制/协同初始字"为例，大致展示一下 link 16 数据链电子战相关消息的帧结构，以便读者对 link 16 电子战相

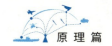

关消息有个直观的认知。帧结构中,"航迹编号,接收地址"指的是消息发送的目的单元的航迹号;"电子战行动值"描述要采取什么样的电子战行动或者描述此前采取的电子战行动取得了什么样的效果;"航迹编号,参考"指的是用以关联信息/指令与航迹的参考编号;"任务优先级"指的是"电子战行动值"字段所规定的多个电子战行动的优先级;"扇区/概率区域/位置指示符"明确了"航迹编号,参考"消息是扇区、概率区域还是位置;"请求编号"是为请求响应给出的编号;"收据/依从性"指的是必须对收到的指令做出响应;"重复率、收据/依从性"指的是发射"收据/依从性"响应所用的时隙。

24 23 22 21 20 19 18 17 16 15 14 13:12 11 10:09 08 07:06 05 04 03 02:01 00
航迹编号,接收地址 : 消息长度 : J序列子 : J序列标签 : 字格式
: 指示符 : 标签 : :
15 : 3 : 3 : 5 : 2

49 48 47 46 45 44 43 42 41 40 39 38 37 36 35 34:33 32 31 30 29 28:27 26 25
航迹编号,参考 : 电子战行动值 : --→
19 : 6 :

69 68 67 66:65 64 63 62:61 60 59:58 57 56:55 54 53:52 51 50
重复率、收 : 收据/依从性 : SAL : 请求编号 : 任务优 : --→
据/依从性 : : IND : : 先级 :
4 : 5 : 2 : 3 : 3 :

缩略语
SAL IND:扇区/概率区域/位置指示符

link 16 数据链 J14.2I 电子战控制/协同初始字消息帧结构示意图

结语

至此,关于美军传统战术数字信息链路系列数据链在网络化协同电子战中的应用介绍已经告一段落。总体来看,这些数据链在网络化协同电子战领域的应用情况可以归结为"能者多劳",即有多大能力就能提供多大的应用潜力。因此，首先看一下这几种数据链的能力，其对比情况如表所列。

几种数据链组网特性对比

特性	link 11	link 4A	link 16	link 22
通信类型	网状，多点对多点	网状，点对多点	网状，多点对多点	网状，多点对多点
数据速率/千比特/秒	1.09~2.25	3.06	26.88~238.08	1.49~4.05（HF频段）；12.67（UHF频段）
消息标准	M系列	V/R系列	J系列	J系列和F系列
用户数	20	4~8	128+	40
通信机制	无线电广播	无线电点对点	TDMA	TDMA
频段	HF/UHF	UHF	UHF/可扩展	HF/UHF可扩展

从表中可以看出，link 16数据链与link 11数据链系列、link 22数据链相比，有着明显的数据速率优势（达到了兆比特/秒水平，较之前两类数据链提升了两个数量级），这也是link 16数据链能够进行原始数据级电子战网络化协同的"底气"所在。然而，随着电子战侦察、干扰数据量的不断扩展，link 16这种数据速率也逐渐无法满足所有需求，因此，美军又开发出了一些数据速率更高、组网能力更强的数据链来用于实现电子战的网络化协同，包括NCCT数据链和TTNT数据链。

这些数据链又会为网络化协同电子战带来哪些新特点呢？且听下回分解。

TTNT 在网络化协同电子战中的应用

前面讲到，美军典型的战术数字信息链路系列数据链（即 link 系列）尽管也能支持网络化协同电子战，但由于带宽有限，无法满足日益增长的电子战侦察与干扰的数据增长需求。因此，美军在 link 系列数据链基础上又开发出了一系列通用数据链，这类数据链带宽大幅提升，并且有些可支持互联网协议（IP）。这些改进型数据链为网络化协同电子战带来了新的机遇，用于电子战领域的典型通用数据链主要包括美国空军的 NCCT 数据链和主要用于美国海军平台的 TTNT 数据链。本章先介绍 TTNT 数据链及其在网络化协同电子战中的应用。

TTNT 概述

TTNT 是一种组网技术，更确切来讲，是一种网络化数据链技术。由该技术构建的网络是目前美国空军机载网络中的重要战术边缘网络。该数据链与传统数据链（如 link 4A、link 11、link 16 等）最大的区别不仅在于带宽的扩展，而且在于 TTNT 是真正意义上的"网络"，它摆脱了数据链那种点对点的通信方式，而转向了基于 IP 的 Ad hoc 网络这种无中心、自组织的网络（NCCT 也是如此）。这种"从链到网"的变化影响巨大，例如，正是因为具备了 IP 路由这种能力，才让 TTNT 网络能够支持超过 1000 个用户。

TTNT 旨在为机载平台提供高速率、远距离通信链路，以支持对时敏目标的精确打击。开发项目的动因是：传统的空中战术平台仅搭载了低速率数据链且灵活性较差，远远不足以支撑对时敏目标的瞄准与精确打击。TTNT 则可很好地解决该问题，它实现了传感器、射手、指挥官的无缝、按需、低开销组网。

2001 年，DARPA 在经济可承受的移动水面目标交战项目和先进战术目标瞄准技术项目的研究成果基础上，开始关注网络化目标瞄准技术，并启动了 TTNT 项目。TTNT 项目的承包商主要有罗克韦尔·柯林斯公司、数据链解决方案公司和 ViaSat 公司。TTNT 主要研究工作已于 2006 年完成，并于 2008 年投入战场使用。目前，该项目已经移交给美国各军种，未来开发和改进的职责也由美国各军种负责，美国空军、海军在该项目中占主导地位。该项目的最终产品是一套包括网络终端的系统，其终端的数量将不断增长。TTNT 可补充现有的战术数据链网络的能力，提升机载网络能力，同时可快速、低延迟地传输消息。其网络规划要求低，可以在没有预规划的前提下让新节点加入和退出网络。

TTNT 在具体平台上主要以波形的方式列装，可列装几乎所有类型的飞机、舰艇、车辆，已经在如下平台上进行了测试与安装：EA-18G 电子战飞机、E-3 预警机、E-2C 预警机、F/A-18 战斗机、F-15 战斗机、F-16 战斗机、B-52 轰炸机、B-2 轰炸机、XB-47 轰炸机、"捕食者"无人机、"全球鹰"无人机、"阿帕奇"直升机、"黑鹰"直升机、航空母舰、小型舰艇、地面车辆等。

TTNT 演示验证情况

从作战应用角度来讲，TTNT 网络是用于美国空军机载网络中战术网络边缘的战术边缘网络。图中空中干线网络目前所采用的就是 link 16。

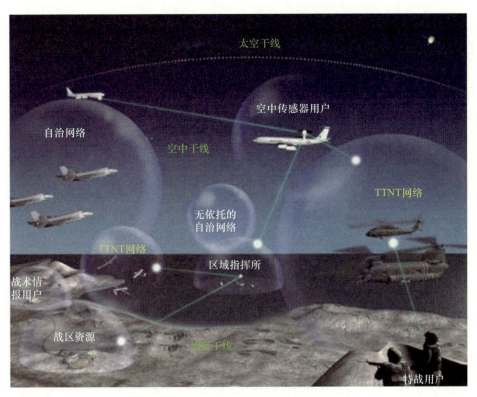

TTNT 的作战应用示意图

开发过程中，TTNT 进行了一系列能力演示，从中可管窥其具体能力。

2004 年与 2005 年联合远征军演习。TTNT 终端样机在 2004 年 10 月举行的美国联合远征军演习（JEFX 2004）中成功进行了演示验证，演习中的配置如图所示。

2005 年基于 IP 的核心技术实飞演示。2005 年 9 月，DARPA 成功进行了基于 IP 的 TTNT 核心技术实飞演示。通过连接战术飞机和地面节点，可以将全球信息栅格扩展到移动平台，实现对时敏目标的瞄准和打击。演习中，TTNT 网络成功地演示了以下能力：可在 100 海里（约 185 千米）范围内实现 2 兆比特/秒的传输速率；网络能够保持 10 兆比特/秒的传输能力；在低延迟模式下，可在 2 毫秒内实现 100 海里（185 千米）以上距离的数据传输；能够与军方现有的 link 16 网络

网络化协同电子战：电磁频谱战体系破击的基石

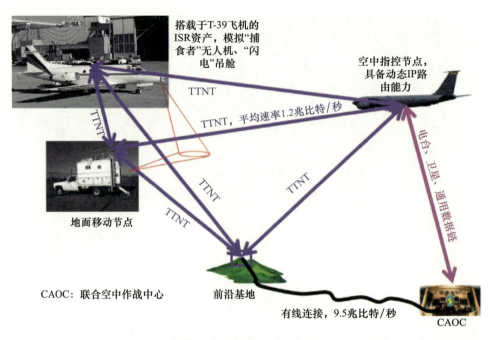

2004年联合远征军演习中的TTNT配置

共存；可在5秒内完成新平台注册、入网；数据传输距离超过300海里（约555千米）；可实现超视距多节点数据发送，如TTNT网络可将飞机上的战术IP应用数据发送到位于美国本土的联合空中作战中心（CAOC）、空军基地或国防部。

2006年联合远征军演习。 2006年4月，在内利斯空军基地举行的联合远征军演习（JEFX 2006）期间，波音公司参与了大规模模拟战斗试验，成功测试了网络中心通信和目标瞄准技术。波音公司在F/A-18F和F-15E战斗机、B-1B和B-52H轰炸机、E-3预警机以及7辆地面车辆上装备了TTNT终端，通过TTNT设备和其他组网设备实现联网。TTNT项目2006年计划中的8项任务之一就是非传统ISR信息服务，它要求装有TTNT的F-15和F/A-18战斗机、B-1和B-52轰炸机等平台能够将静态和视频目标瞄准图像发送给联合空中作战中心，或直接发送给B-1等强击机，或安装在多用途轮式车辆上的地面移动指控站。TTNT的集成标志着预警机首次具备了宽带能力，这使预警机可融合到

基于 IP 的全球信息栅格中，并在演习中充当了关键战斗管理节点。此外，演习期间，波音公司还开展了 TTNT 项目的其他建模和仿真试验。波音公司的工程师们还在演习中演示了基于宽带 IP 组网架构的定向组网波形，这是一种新的移动战区 Ad hoc 网络波形，于 2004 年首次演示，可以为士兵提供多源、安全的 ISR 数据，数据速率可达当时已部署数据链的 1000 倍。

2008 年联合远征军演习。 2008 年，在内利斯空军基地举行的联合远征军演习（JEFX 2008）集实际空中和地面力量、仿真和技术插入为一体。期间，美国空军 F-22 "猛禽" 战斗机飞行员利用试验版 TTNT 发送和接收信息，如指控消息、图像、空域更新信息，甚至包括驾驶舱触摸屏显示器上的自由文本消息。虽然 F-22 实际作战过程中不采用这种方式，但该测试演示了 F-22 潜在信息共享技术的效用。F-22 的主要任务是快速实现远距离空中优势，JEFX 强调利用 TTNT 来连接所有飞机，为地面站提供最佳空中态势图的潜能。

2010 年联合远征军演习。 2010 年 6 月，罗克韦尔·柯林斯公司在联合远征军演习（JEFX 2010）上演示了 TTNT 和 QUINT 网络技术（QNT）的组网能力。演习关注非对称战争，指控，情报、侦察与监视，抵近精确交战能力。TTNT 和 QNT 可为战术边缘部队提供快速通信、协同和组网能力，缩短地面作战人员锁定、跟踪、瞄准、打击敌方目标并进行评估的时间。演习期间，使用 TTNT 和 QNT 技术的平台包括 E-2C 预警机、E-3 预警与指控飞机、F-16 战斗机、诺斯罗普·格鲁曼公司的目标瞄准吊舱和 "猎户座" 无人机。

2013 年 X-47B 无人机载 TTNT 演示。 2013 年 3 月，诺斯罗普·格鲁曼公司和美国海军在 "杜鲁门" 号航空母舰（CVN-75）上进行的 X-47B 无人战斗机的甲板起降试验中使用了 TTNT 技术。该试验演示了甲板工作人员利用无线手持式控制器快速精确引导 X-47B 起降的能力。该试验是 X-47B 无人机首次在航空母舰上进行的着陆试验。

2013 年 "舰队试验"。 演习中，波音公司与美国海军共同演示了

EA-18G"咆哮者"电子战飞机和E-2D"高级鹰眼"预警机的网络化精确无源定位能力。演习中,两架EA-18G和一架E-2D分别利用其载电子支援措施(ESM)系统(EA-18G的ALQ-218侦察接收机和E-2D的ALQ-217侦察接收机)来接收目标辐射源(舰载射频辐射源)信号,然后,接收到的信号利用各平台上安装的TTNT波形(硬件采用哈里斯公司的数据链终端)来实现数据共享与协同定位。演习中主要利用诺斯罗普·格鲁曼公司开发的多平台到达时间差(TDoA)定位算法,该算法可以实现精确、快速无源定位。尽管两个平台就可以使用该算法,但演习中之所以采用三个平台,主要是为了更快地解模糊。演习结果表明,定位精度足可跟踪一艘移动速度为15节(近30千米/小时)的舰船,并可直接引导导弹对舰船实施火力打击(整个演习过程中没有用到诸如雷达等任何有源设备)。另外,美国海军表示,美国空军开发的NCCT数据链也可以融入进来。

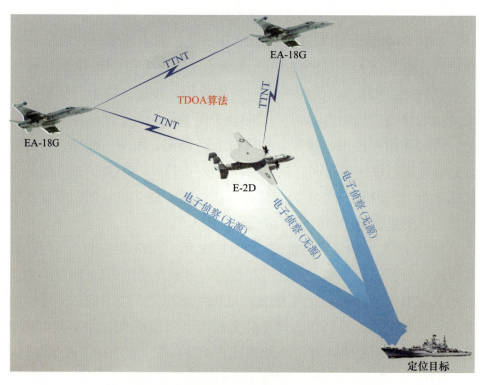

EA-18G网络化精确定位配置示意图(2013演习)

2017 年"网络化传感器"演习。2017 年 8 月,美国海军开展了"网络化传感器 2017"(NS17)空中演习,该演习主要关注基于 TTNT 数据链的传感器组网,旨在改进态势感知和战术目标瞄准。该演习使用 F/A-18E"超级大黄蜂"战斗机和 EA-18G"咆哮者"电子战飞机作为 TTNT 的平台。

2019 舰队试验演习。演习中,参试的 EA-18G 飞机装备了称为人工推理和认知(ARC)的控制系统以及分布式战术处理器网络(DTPN)、TTNT 样机。其中,ARC 控制系统包括可以模仿人类大脑推理和认知能力的人工智能机器(计算机);DTPN 是一种开放式体系架构、多层安全处理器系统;TTNT 采用了高吞吐量、低时延的数据链技术。这三个系统使两架 EA-18G 作为无人驾驶的自主控制飞机,而第三架作为控制站,形成"有人–无人编组"(MUM-T)。通过 DTPN 和 TTNT,无人驾驶飞行的两架 EA-18G 能够对平台内外传感器数据进行融合,生成战场通用战术图并传输给有人驾驶的 EA-18G,未来 EA-18G 将根据传输获得的数据自主进行电子攻击。

TTNT 在网络化协同电子战领域的应用想定

从上文描述可知,TTNT 在网络化协同电子战领域的具体应用是随着电子战需求的改变而改变的,**从最初仅仅用于实现电子战平台的互联互通,再到网络化多传感器数据融合与协同精确定位,再到网络化认知电子战**。下面主要以 TTNT 支撑下的网络化协同精准定位为例,进行应用想定。

202X 年,美国海军、空军组织联合演习,演示验证针对 X 大国竞争对手综合防空系统中两个同址辐射源(一个辐射源为防空雷达,一个辐射源为雷达组网通信系统,二者距离 300 米)的攻击能力,其中,对防空雷达实施电磁静默环境下的无源火力引导（利用无源定位能力引导火力打击，注意，在此所谓"火力"不包括主动辐射电磁信号的反辐射导弹等火力形式，以确保作战的电磁静默性）；对雷达组网系统实施隐蔽式赛博–电磁一体化攻击（在敌方感知不到的情况下实施基于无线注入的赛博攻击）。最终目标是实现无依托、静默、精准的电磁–赛博–火力一体化攻击。参与此次联合演习的平台包括一架美国空军的 RC-135V/W "联合铆钉"电子侦察机、两架 EA-18G "咆哮者"电子战飞机。

演习开始之前，RC-135V/W "联合铆钉"电子侦察机预先在其数据库内加载目标雷达信号和通信信号并将其赋予高优先级，数据库内存储有信号频率等有关目标的基础信息。

演习开始之后，考虑到此次演习中的目标信号非常明确，且 RC-135V/W "联合铆钉"电子侦察机的目标数据库中预先存储有与目标相关的先验知识，因此，55000/66000 型信号情报系统、85000 型信号情报系统等机载电子侦察接收机未采用"常规搜索"或"序贯寻优搜索"等目标搜索方式，而是采用了"指定搜索"方式。该搜索方式利用了一些环境的信息，即接收系统把感兴趣的信号赋予高优先级，并将其频率（或频段）从内存中调出来优先检测，甚至对该频段进行控守式监视。对不感兴趣的频段可以跳过，以节约时间。

小贴士：信号搜索样式

常规搜索（无目标信息、无优先级）

每个可能的来波方向和频率都被考虑，没有优先级或次序。常规搜索得到的结果相当于电磁环境"态势图"，以进行后续更为复杂、精确的搜索，或者对发现的重要敌方目标直接采取行动。

序贯寻优搜索（部分目标信息、有优先级规则）

序贯寻优搜索时，需要对所有发现的信号进行部分参数的测量，以通过优先级来确定是否值得多花时间去获取辐射源更多的参数。通常，将可以快速测量出来的参数作为首要分选参数。

指定搜索（有目标信息、有优先级）

指定搜索利用了一些环境的信息。实际上就是将许多信号的频率、调制样式、优先级储存到接收系统中。感兴趣的信号被赋予高优先级，系统将其频率从内存中调出来，并首先检测，然后对环境中其余的信号进行检测。其次，检测最重要的频段或方位，然后对其余的频段或空域按优先级顺序扫描。对不感兴趣的频段和方位可以选择跳过，以节约时间。对高度感兴趣的信号可以多加监视，而低优先级的信号，可以稍加关注。

利用上述搜索样式，RC-135V/W"联合铆钉"电子侦察机的机载侦察装备发现了敌综合防空系统中的高优先级雷达辐射源和通信辐射源目标。然后，利用 TTNT 数据链（或传统 link 系列数据链）对 EA-18G"咆哮者"电子战飞机进行交叉提示。之后迅速利用 TTNT 数据链实现三架飞机宽带组网，并启动网络化协同到达时差（TDoA）定位。

三架飞机以 RC-135V/W"联合铆钉"电子侦察机为临时指控中心，由该飞机根据发现目标过程中关于目标位置的粗测结果快速生成最优部署方案（即确定最优的相对位置关系），并通过 TTNT 将指令发送给另外两架 EA-18G"咆哮者"电子战飞机。另外两架 EA-18G"咆哮者"电子战飞机快速机动到指令规定的位置。此后，各平台一直利用 TTNT 实时共享其精准的相对位置，该位置可以由本地 GPS 提供，并由 TTNT 共享。三架飞机拉开两条基线，并开始同步接收目标信号，测量目标信号的到达时间。

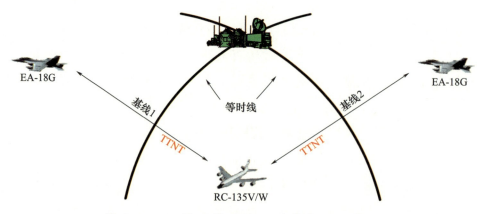

基于 TTNT 的网络化协同时差定位示意图

此后,三个平台开始用 TTNT 数据链共享两个目标的不同到达时间特征:对于目标雷达,由于其信号是脉冲信号,因此,主要特征是脉冲前沿,各个平台可利用其作为精准时钟,进而确定雷达信号的到达时间;对于通信目标,由于信号是连续波,因此比较复杂,主要通过如下方式来确定到达时间。

很多通信信号具有连续载波特性,并在载波上以各种调制方式传送信息,载波每隔一个波长重复一次,所以可以进行相关操作,以确定信号在两个接收机处的到达时间。可以在其中一部接收机中以不同的时延时间对接收信号进行多次采样来确定到达时间差。该延迟时间的变化范围必须足够大,以覆盖在可能包含辐射源位置的区域内的最小时差到最大时差。两架 EA-18G "咆哮者" 采样的样本通过 TTNT 数据链发送至 RC-135V/W "联合铆钉",以计算两个样本间的相关性。相关性随着差分时延的不同而变化。最大相关值出现在差分时延值等于到达时间差之时。

之后,根据各自测得的到达时差,进行辐射源精准定位。根据等时线厚度求解出雷达、通信辐射源目标的定位精度如下:

(1) **雷达辐射源**。定位精度(CEP)为 10 米,考虑到平台和导弹 GPS 定位精度为 0.1 米(采用 M 码)、导弹杀伤半

径为 30 米，因此，满足"CEP+GPS 精度＜杀伤半径 –GPS 精度"的要求，即该定位精度足以引导导弹实施精准火力打击，实现电磁静默战式的火力摧毁。

（2）**通信辐射源**。定位精度为 30 米，考虑到平台和导弹 GPS 定位精度为 0.1 米（采用 M 码），EA-18G "咆哮者"电子战飞机的机载下一代干扰机（NGJ）恶意代码注入的足迹要求为 300 米（两个辐射源的间距），因此，该定位精度足以引导下一代干扰机实施精准恶意代码注入。

基于上述分析，雷达辐射源定位结果用于直接引导 XX 导弹对雷达实施打击。同时，借助火力打击造成的混乱局势，快速、精准、隐蔽地向敌方综合防空系统中的通信网络内注入恶意代码（包括木马、载荷），并快速触发（由于是演习，因此快速触发；实际应用中，恶意代码要一直等到实战时再触发），瘫痪了敌综合防空系统。

演习圆满完成既定目标，验证了电磁静默场景下的精准火力引导与隐蔽式战场网络赛博攻击的可行性。之所以说是电磁静默场景，是因为尽管参训平台之间利用 TTNT 数据链进行了通信，但由于 TTNT 采用定向波束、功率控制等技术，因此敌方几乎无法侦察到该信号。

总结

尽管 TTNT 能够比较好地支撑网络化协同电子战，但其功能主要局限于网络化协同精准定位（可以达到火力引导级别的定位精度）。然而，在联合作战过程中，电子战不仅仅需要作为独立作战样式来实施，还需要与信号情报等作战样式进行数据融合。那么，有没有什么数据链能够支撑这种更高层级的数据融合能力呢？

且听下回分解。

NCCT 在网络化协同
电子战中的应用

前面讲到，主要用于美国海军的 TTNT 数据链能够实现基于原始数据协同的辐射源精准定位，并且定位结果能够直接引导火力打击。从电子战领域来看，这种网络化协同能力所实现的功能相对比较单一，即网络化协同定位。从多传感器数据融合层面来讲，这种网络化协同属于原始数据级融合，其融合结果对作战决策、指控的直接支持力度不够大。

当然，这一点也不难理解：TTNT 数据链本质上是一种"通用型"数据链，即其系统与技术设计以提供网络化、宽带数据连接为目标，而所连通的资产多种多样，连通电子战资产只是其众多功能之一。本回所要介绍的美国 NCCT 数据链则相对要"单纯"很多，其系统与技术设计有着明显的针对性，即**以连通美国空军电子战平台为主要目标，兼顾其他平台**。这样一来，NCCT 网络可以实现原始数据级、特征向量级、决策级等层级的融合，其融合结果可为网络化协同电子战所有层级提供很好的支持，并且"出情"能力非常强大，可融合、生成多种情报产品。

所有上述能力最终让 NCCT 的功能变得非常强大：**不仅能够支持网络化协同电子支援、电子攻击等电子战功能，还能够支持信号情报、多情报融合、赛博电磁一体化作战等功能。**

NCCT 背景

科索沃战争（代号"盟军行动"）给美国带来了一些经验教训，最主要的教训之一就是"应对时敏目标的挑战越来越大"。若想成功地攻击时敏目标，必须实现多源情报监视与侦察（ISR）数据的横向一体化。然而，当时的在役数据链（如 link 11、link 16 等）均无法满足该要求，主要存在如下两方面不足：首先，这些数据链时延过长，容易延误战机；其次，所有信息、情报等处理都位于后端，前端处理能力很弱。

总之，美国认识到，**关于目标精确地理位置的多传感器快速跨平台交叉提示是实施时敏目标瞄准的关键**，这也是 NCCT 数据链先进概念演示项目的主要目标。NCCT 先进概念技术演示验证的目的就是通过在数据收集/评估过程的前端对 ISR 传感器进行一体化和网络化来应对时敏目标。NCCT 先进概念技术演示主要聚焦时敏目标瞄准中的发现、识别、定位或跟踪等环节，以及将多源前端的合成数据送入指控链，进而评估交战结果。先进概念演示项目中，NCCT 在发现、定位、瞄准、跟踪、交战和评估（F2T2EA）杀伤链中的重点主要放在发现、定位、瞄准和评估环节。然而，随着 NCCT 功能越来越强大以及其所支持的平台种类越来越多（从最初的 ISR 平台扩展到电子攻击平台乃至火力打击平台），其对整个杀伤链的支撑作用也愈发明显。

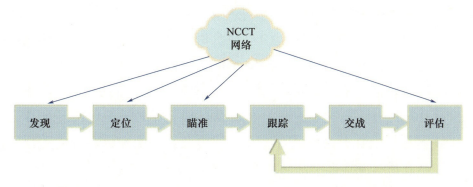

先进概念演示项目中 NCCT 在 F2T2EA 杀伤链中的关注重点

小贴士：动态目标、时敏目标、时间关键目标瞄准

"目标"（target，作为动词时称为"目标瞄准"（targeting））在军事领域内应用非常广泛，尤其是那些对时间非常"敏感"的目标（即时敏目标（TST））。根据2003年4月美国中央司令部的一份报告，在伊拉克战争（伊拉克自由行动，OIF）中，美军总共确定了大约30000个目标，但只有156个目标作为时敏目标处理、686个目标作为动态目标处理。下面简单介绍与时敏目标相关的几个术语的内涵。

1. 动态目标

指的是在空中任务命令（ATO）周期内确定的、对所有部队都至关重要的目标，给定可用资产情况下应在ATO周期内对该目标实施打击。

2. 时间敏感目标

《JP 3-60：联合目标瞄准》条令将时敏目标定义为"那些对己方或友方部队而言高度优先的目标，联合部队指挥官将其指定为需要立即响应的目标，因为它们会对己方或友方部队构成（或即将构成）威胁，或者该目标是高价值、转瞬即逝的目标"。联合部队指挥官通常会为行动区域内的时敏目标提供具体指导并指定优先次序。

3. 时间关键目标瞄准

美国空军《AFOTTP 2-3.2：空天作战中心》条令将时间关键性目标瞄准定义为"这是一个空军术语，适用于时敏目标瞄准过程、组织规定和系统流程"。以前美国空军术语中还包括"时间关键性目标"这一名词的定义，但当前美国空军已经把时间关键目标瞄准与时敏目标瞄准进行了合并。因此，当前可以把时间关键目标瞄准简单理解成"对时敏目标的作战过程"。

NCCT 概述

NCCT 系统技术是一种多侦察平台组网技术（如图所示），它在宽带网络（主要是多平台通用数据链情报侦察数据链网络）的支持下，让武器系统和决策人员可实时地直接共享侦察平台获取的重要情报信息来**提高时敏目标打击能力**。

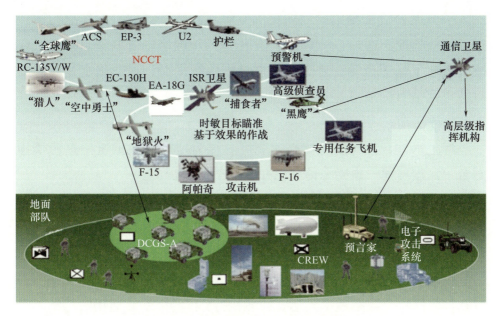

NCCT 将装备多种 ISR 平台

根据美国空军预算文件，NCCT 项目预算编号为 0305221F，旨在开发 ISR 平台综合技术，以便探测、识别、定位目标。具体来说，该项目开发机器到机器技术以综合异构的美国空军 ISR 资产，NCCT 开发的是数据共享、协同传感器活动能力，在异构 ISR 平台和决策节点之间实现快速相关能力，进而对时敏目标实现快速发现、定位、攻击等能力。

NCCT 项目主要开发"核心技术"和"子节点分析工具"（主要用于美空军"舒特"计划），以便实现网络化协同 ISR 传感器系统的水平和 / 或垂直集成。

核心技术的业务应用包括"信号情报-信号情报"关联和"地面动目标指示-信号情报"关联。NCCT 核心技术开发软硬件,横向集成异构的联合战斗管理与指控资产、ISR 资产并形成综合的目标轨迹以便在跨网络平台间共享。NCCT 核心技术包括网络管理软件、操作员接口、标准网络消息与格式、关联软件和数据交互规则、多密级软硬件、平台专用接口模块。

子节点分析工具主要面向美国空军"舒特"计划,其作战用途包括确定敌指控、通信、计算机、情报(C^4I)网络中哪些节点参与了作战或参与了保护行动,并据此建立计划执行模型,进而确定是否需要对特定网络目标节点进行破坏或监测,最终根据不断变化的战场态势调整作战活动。

综上所述,NCCT 的核心功能可总结为"**宽带数据链 + 多源情报融合 + 深度赛博 - 电磁一体化感知(子节点分析)**"。

NCCT 工作原理

简而言之,NCCT 网络可视作"链、接口、算法一体化网络":通过宽带数据链(数据速率高达 274 兆比特/秒的多平台通用数据链)实现 EC-130H、RC-135V/W、F-16、"高级侦查员"等平台的互联互通,此为该网络的**连通性基础**;通过专门开发的数据融合与精确定位算法实现情报融合、精确辐射源定位等核心功能,此为该网络的**功能性基础**;通过机器到机器接口实现多平台自适应互操作与数据共享,此为该网络的**自主性基础**。

根据美军相关描述,NCCT 的工作原理可总结为:"**NCCT 的主要用途是实现 ISR 传感器的快速同步,以便它们协同聚焦共同的目标。这一过程可显著提升目标定位精度,缩短定位时间,提高定位完备性。NCCT 通过在 ISR 资产之间构建一个宽带网络,并让各 ISR 资产使用一系列通用的交互规则来实现。NCCT 网络允许 ISR 资产有选择、非常快速地以高更新速率、低延迟方式来交换有关特定目标的原始传感器信息"。

NCCT 软件采用机器到机器接口和 IP 协议来协同传感器的交叉提示和收集活动,其相关和融合服务通过获取所收集到的数据来生成有关高价值目标的单一、合成轨迹(包括地理位置和标识)(如图所示)。为此,NCCT 需要以演进的方式开发消息集和网络管理系统等。例如,升级操作接口、网络控制器、融合引擎、数据防护、指控接口、过顶情报业务接口等。具体来说,NCCT 可以引导并综合来自不同的单一机载平台所搭载传感器的信息,这些平台在特定区域内搜集数据。每个平台用以中继传感器数据的语言都转换为通用 IP 消息组,以便这些数据可以在星座内所有网络控制器之间传递。通过使用通用算法并建立一个通用数据库,就可以存储来自某一平台的数据并提示其他平台,以便其他平台可以关注同一个时敏目标。这样,成功应对时敏辐射源的概率就会成指数增加。**据 NCCT 承包商之一的 L3 公司高层表示,**

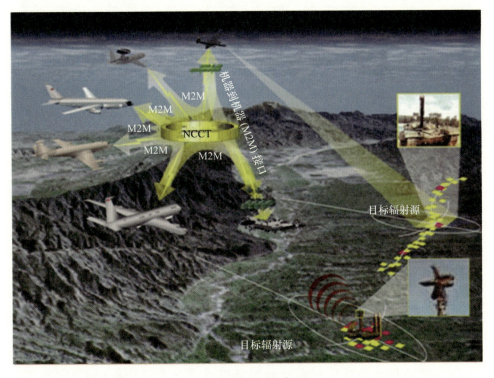

NCCT 作战概念图

采用 NCCT 后，目标捕获时间缩短了 90%。此外，据分析，NCCT 让美军对时敏目标的瞄准时间缩短了 18.2%~83.3%。美国空军高层也表示，NCCT 的使用，使得单纯依靠无源电子战侦察来生成目标航迹的速度比有源雷达（包括激光雷达）更快。

基于 NCCT 实现组网定位后，应对时敏目标的概率将会呈网络中平台数目的指数增加，足见 NCCT 在时敏目标攻击中的重要性。网络化多源情报融合在时敏目标攻击过程中起到的重要作用如图所示（图中是以攻击固定目标为例）。图中，黄色的方框列出的是美国几种典型的武器系统（导弹／炸弹）在时域、空域的使用门限，即在什么样的空间精度、时间精度情况下可以使用该武器。可以看出，单个平台情况下，其发现、定位、跟踪精度几乎无法引导任何的武器系统；两个或三个平台组网的情况下，则已经可以引导为数不多的几种武器系统；一旦实现信号情报、地面移动目标指示雷达、图像情报等的融合，则发现与定位时间大幅缩短，几乎可以引导所有的武器系统。简而言之，随着所融合的情报类型越来越多，针对时敏目标的打击会越来越有效。

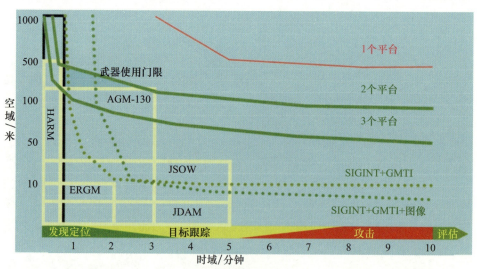

网络化多源情报融合对时敏目标攻击能力的提升示意图

从上述描述可分析得出，NCCT 网络若要实现其功能，则需要如下几方面技术或系统：一套系统级的协议；动态数据融合能力；动态收集、报告与任务分配能力；一个规则集。具体来说，根据美军对 NCCT 先进概念技术演示验证的描述并结合相关信息，NCCT 包含如下系统。

宽带数据链。采用多平台通用数据链，在机载和地面 ISR 资产之间提供一个网络中心环境，旨在满足数个网络客户（机载或地面客户）与一个位于中心的机载终端（中央机载终端）之间，以及与其他客户之间的交互要求。

ISR 传感器管理器。其功能是通过自动上传和更新 ISR 任务分配信息，使 NCCT 作战行动实现同步。这种任务分配信息基于作战规则、指挥优先级、特殊指令和空中任务指令。这种信息包括多传感器、多要求的交互规则，这些规则可以引导自动或人工的战术、技术和程序。ISR 传感器管理器可以在指挥和 ISR 节点上调用。

网络控制单元。提供前端连通性。这在网络通话的全双工宽带通信网络中得以实现，该网络既能满足机载视距和近空海上节点的通信要求，又能满足超视距节点的本地接口要求。网络的逻辑运算基于 IP 技术，可以提供多传感器、多要求的协同连接，从而极大地降低对用户通信的要求。

NCCT 网络控制器。在各个用户节点上提供统一的通用控制，主要负责数据记录与网格锁定以及交互（即传感器的同步）。它确保可以应用通用规则集、通用测地和时间参照体系、在网络内的通用表达模式和共享的通用数据库。

平台接口模块。把共享的 ISR 节点及指挥节点的不同技术结构和作战结构与网络互连。

NCCT 数据融合引擎。主要通过关联与相关技术、信号情报融合技术、信号情报/对地移动目标显示融合技术等实现数据融合功能。

NCCT 在"舒特"中的应用分析

在 NCCT 先进概念演示项目中，NCCT 可连接的平台包括了多型 ISR 平台。具体到电子战领域，NCCT 连接的主要平台包括美国空军的 C-130 "高级侦查员"飞机和 RC-135V/W "联合铆钉"飞机等 ISR 飞机，此外，还包括了 EC-130H "罗盘呼叫"电子战飞机、F-16CJ 对敌防空压制飞机。上述这些飞机在 NCCT 网络的支持下，在美国空军多次的联合远征军演习、"红旗"演习中演示了美国空军"舒特"计划的各种应用能力。本书在后文有总"舒特"的章节中简单介绍了 NCCT 的应用原理，但在场景方面的描述不多，本部分即主要以场景方式对 NCCT 在美国空军"舒特"计划中的应用进行介绍。

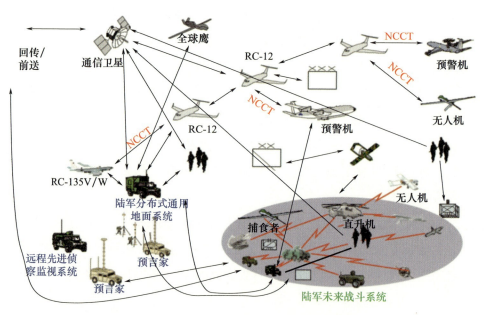

NCCT 先进概念演示项目示意图

在 NCCT 网络的支撑下，"舒特"可以"攻击"或影响/塑造敌方网络中的"目标集"（包括链路、节点或终端），具体包括射频和地面链路、交换机、路由器、集线器、服务器、IP 地址、手机、天线、雷达、微波中继器、卫星通信接收机、收发信机等。

"舒特"作战概念规定了如下三方面主要功能：利用子节点分析软件来确定敌方 C^4I 网络中的高价值节点，并将其作为高优先级、高价值目标；利用分布式作战体系架构将相关规划单元（如空中作战中心、联合信息作战司令部等）联合起来，以便其以协同的方式为需要中断或监视的网络目标开发执行计划并建立模型；利用"舒特"的联合网络图形用户界面，所有用户都可监测计划的执行，并为正在进行的活动状态提供近实时更新，持续评估/更新计划的执行情况，并在各自的权限（交战规则）内根据不断变化的战场条件重新指导作战行动。

为实现上述功能，"舒特"协同需要多方面获取数据，其数据来源

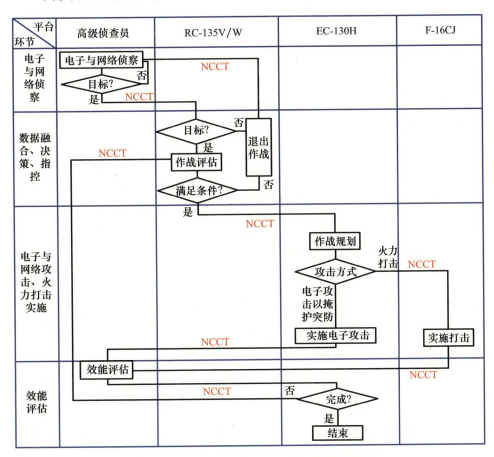

NCCT 支撑下"舒特"计划的应用流程

包括现代化情报数据库、NCCT、联合目标瞄准数据库、计算机网络作战数据库、国家航空航天情报中心数据、综合广播服务等。

综上所述，在 NCCT 支撑下，"舒特"计划的应用流程如图所示。可见，NCCT 在"舒特"计划中的功能可总结为如下三点：实现对活动目标的快速精确定位；"多个传感器、一个态势图"；实现网内情报数据的共享。具体来说，其应用过程可描述为："EC-130H、RC-135V/W、'高级侦查员'飞机利用 NCCT 组网后，在其他有人机和无人机的配合下，各种 ISR 信号情报通过网络传输，立即给出敌方通信辐射源的位置，并对其进行识别。通过对敌方通信辐射源的定位，外加'高级侦查员'的无线入口扫描功能，可以获取进入敌方战场信息网络的入口，以便更直接地获取敌方的通信情报和电子邮件中的情报，并采取相应的信息攻击手段，达到舒特计划的目标。"

结语

至此，美军战术数字信息链路（link 系列）、通用数据链在网络化协同电子战领域的应用的描述已经告一段落，在此顺便总结一下。上述不同类型数据链在网络化协同电子战中的作用不尽相同。简单来说，link 系列数据链主要实现的是**"连通性电子战"**能力，而 TTNT/NCCT 数据链则主要实现的是**"协同性电子战"**能力。

（1）**"连通性电子战"**能力体现了网络中心战在电子战领域具体落地的萌芽，其观点也比较"朴素"，即在电子战典型系统、平台之间利用传统 link 系列数据链等连通性手段连接起来，先解决"电子战系统连接"的有无问题。这种能力对网络化协同电子战领域的主要贡献就是系统地探究了"组网究竟能够为电子战带来哪些新增益"这一基本问题。

（2）**"协同性电子战"**能力体现了网络中心战在电子战领域的成熟与深化。在解决连通性的基础上，根据所连通的具体电子战平台、系统，打造既能支撑互操作、融合等需求（如射频级、中频级融合等需求），又能支撑定制化能力需求（如电子攻击、战场网络攻击等）的协同能力。此外，"协同性电子战"能力还为更加广义的"电子攻击－火力打击一体化协同"（即美军所谓的"协同交战"能力）奠定了基础。

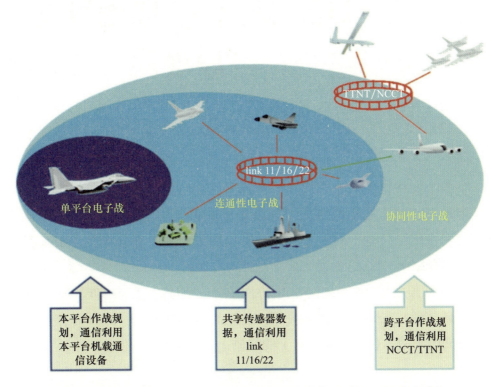

link 系列与 NCCT/TTNT 在网络化协同电子战中的不同作用

总之，实现电子战网络化协同主要有两种途径：如果"网"的发展不能满足电子战的要求（如带宽不足），那么，就采用"电子战将就网"的方式，先实现连通性；如果"网"的发展能够满足电子战的要求，那么，就采用"网将就电子战"的途径，以实现协同性。

简而言之，在网络化协同电子战领域，"网"与电子战之间的关系可视作"食材与食物"的关系：食材新鲜就做大餐，食材稍逊就做家常菜，实在没有食材，大饼卷馒头就面条也不是不能凑合的。

所之未必如所自：
网络中心战困境浅析及"原理篇"总结

整个网络化协同电子战"原理篇"已至尾声，在此简单做个总结，重申一下"网"之于网络化协同电子战的重要作用，并对未来智能化时代网络化协同电子战的发展进行简单展望（主要部分将在"未来篇"中详细介绍）。

简而言之，"网"是网络化协同电子战作战过程中实现高效、高速、高质量"观察 – 判断 – 决策 – 行动"（OODA）闭环（即打造网络化协同电子战杀伤链/杀伤网）的基础。

网络对网络化协同电子战 OODA 环（杀伤链/杀伤网）的支撑

网络中心战"落地"方式调整

尽管网络化可以为电子战带来诸多"增益",但网络化本身存在的一些问题也逐渐凸显出来,尤其是网络中心战这一基础理论在实战战场上应用的时候开始面临一些原本未考虑充分的"意外状况"。为应对这些状况,美军也适当对网络中心战理念的实战应用进行了调整。例如,2015年版的美军《JP 1-02:国防部军事及相关术语词典》中列出的一系列"常见误用词汇"中就包括了全球信息栅格(GIG)。也就是说,从此GIG这一词汇进入了历史长河,取而代之的是"国防部信息网"。

纯从网络中心战理念角度来讲,这一事件无疑是"历史的倒退",因为GIG最初就是严格按照网络中心战理念设计的——它可以提供一个网络中心环境,所有的战场传感器、信息装备、武器系统、作战平台等都可以就近接入其中,并获得"全连通"能力,进而达到"一即一切、一切即一"(任一节点背后都是整个网络中心环境、整个网络中心环境可以为任一节点提供支撑)的效果;"国防部信息网"则仅仅是GIG的"前身"——美国国防信息系统网的升级版本。

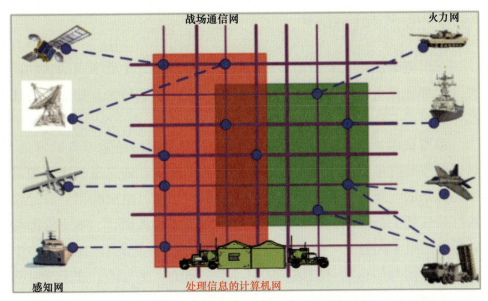

GIG 的网络中心环境示意图

尽管表面来看这一事件是一种"倒退",但从深层次来看,这一事件无疑体现出了美军对于网络中心战理念的反思与修订以及务实的态度,未尝没有参考价值。对于以有线为主要传输介质、位于战场后方的各种网络(如美国本土军用网络、海外基地军用网络)而言,网络中心战带来的优势(网络/系统价值)仍非常明显;然而,随着网络中心战理念越来越多地用于战场环境,其面临的挑战也越来越多、优势越来越弱。在某些情况下网络/系统价值不仅无法呈现"与节点数量的平方成正比"的指数关系,甚至连"与节点数量成正比"的线性关系都达不到。

究其原因,可总结为一句话:**战场环境的诸多约束让战场网络无法满足"全连通"这一网络中心战的前提条件**。所谓"全连通",大致可以细化为如下几方面特点:网络以及网络中的任何节点都拥有近乎无限的带宽/数据速率和处理能力;网络以及网络中的任何节点都有权限共享网络中的任何信息;网络中的任何节点之间的信息与指令传输都以网状实现。

网络中心战面临困境

在以电磁波为主要传输介质的数字化战场上,上面所说的这些前提几乎都不具备,因为该战场具备如下几方面鲜明特征,而这些特征都在阻碍着"全连通"能力的实现。

带宽资源始终稀缺。战场环境下,无论是网络还是节点的带宽/数据速率都直接取决于可用电磁频谱资源的多少,而电磁频谱资源是始终稀缺的。至少在香农信息论"被颠覆"之前,电磁频谱资源都将始终是战场上最稀缺的资源之一。对于网络中心战而言,带宽资源稀缺导致的最大问题是:战场环境中的任何一个网络节点所能从网络中获取的数据与信息都只能是局部的、不完备的、失真的。这无疑对网络中心战的实施前提造成了巨大冲击。

处理资源大多有限。战场环境下，无论是网络还是节点的处理能力（包括运算能力、供电能力等）都在很大程度上受平台、系统硬件的限制。除战场固定设施外，几乎所有移动平台都面临这一问题。因此，即便在带宽/数据速率无限的情况下，网络/节点也无法通过实时数据处理来获取所需信息。对于网络中心战而言，处理资源有限是与带宽资源稀缺"串行"的另一个问题，唯有这两个问题都得到解决才有望实现真正意义上的"全连通"。

数据体量没有上限。当前的战场环境已经实现了全维度的数字化，导致无论是传感器所需感知的数据体量，还是转发器所需传输的数据体量，都在经历着近乎无止境的增长。以美国空军分布式通用地面系统（DCGS-AF）为例，其前端传感器所感知的数据体量每天都是太字节（TB）量级，并且仍呈指数不断增加。其实美军的这个例子还算是保守估计，信号情报领域的数据量其实远超 1 太字节/天。例如，通信情报领域内，假定单通道 1 吉赫带宽下，采样率取保守值 2.5 吉赫且以双字节保存一个样点，则每秒的数据量为 5 吉字节以上，1 小时产生的数据量为 18 太字节，一天的数据量即为 432 太字节。总之，数据体量的连续性、爆炸式增长，对于原本稀缺的带宽、有限的处理能力而言，无疑是"不可承受之重"，进而使得网络中心战理念在战场环境下的实施愈发举步维艰。

信息共享难跨密级。战场环境下，不同类型的信息会被划分为不同的密级，而不同密级信息间的共享无法直接实现，必须确保某种维度的隔离。这种隔离除了影响信息共享以外，也对信息处理、信息传输等环节造成了很大影响。最终，这种影响会转嫁给网络/系统价值，并导致其下降。

指控关系必须分层。对于实现"全连通"能力而言，网络的最佳拓扑方式无疑是扁平的"全网状"结构，当前战场环境下的组网也在逐步朝着这方面努力，美军就开发了一系列网状组网技术与装备。然而，从指控角度来讲，战场上必须采用分层、分级的"树状"结构。

这种"网状组网与树状指控"的冲突,大幅削弱了"全连通"能力,进而会给网络中心战带来严重影响。

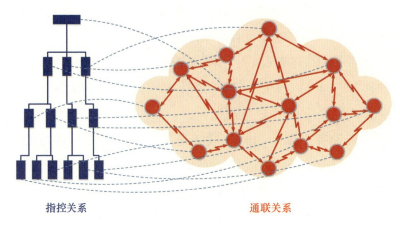

指控关系　　　　　　　　通联关系

网状组网与树状指控的关系示意图

总结与展望:破局之道

综上所述,网络中心战理念尽管在电子战领域内潜力巨大,但已现疲态,面临困境。

未来是否有什么契机可以破此困局呢?还真有。

近十年来,人工智能领域以其他领域无法企及的速度飞速发展,在颠覆了很多传统领域的同时,也为网络中心战的未来发展带来了始料未及的脱困契机。尤其是基于分布式人工智能理论的"马赛克战"作战模式,更是好像专门为网络中心战量身定做的一条破局途径。

网络中心战理念的"理想"不可谓不宏大,但现实落地却充满曲折、跌宕。

世事往往如此,所之未必如所自。

当此之时,唯"但守所自,莫问所之"而已。

纪 传 篇

网络化协同电子战：电磁频谱战体系破击的基石

　　本篇以每个系统、项目的作战应用场景（想定的场景）与作战能力（尤其是网络化协同带来的能力）为主线，对美军几个典型的网络化协同电子战项目、系统进行介绍。这些项目主要包括美国陆军的"狼群"项目、DARPA 的"小精灵"项目、美国空军的"舒特"项目、美国海军的"复仇女神"项目等。

纪 传 篇

一群来自电磁频谱的狼：
美军"狼群"项目

随着技术的发展，无线电通信电台辐射的能量不断下降，并且由于电台的数量仍在不断上升，使得远距侦察系统很难侦听到对方的通信信号，也难以将各个电台分选（鉴别区分）开来。传统的电子战系统难以应对新出现的软件定义、低功率的背负式通信网络和雷达系统。在这样的背景需求推动下，DARPA 启动了"狼群"电子战项目，其主要目的是通过网络化协同，实现多个基本电子战单元的连通性、互操作性，进而实现分布式集群作战，最终提高各种电子战资源的利用率，提高遂行各种作战任务的灵活性，提高电子战资源的指控能力，增强对各种作战任务的电子战支援能力等。从这种意义上来讲，"狼群"是美军网络中心战理念初期，电子战领域的典型项目之一，即典型的网络中心电子战项目。其背后的逻辑是通过通信与组网让承担电子战不同职能的设备 / 个体实现互联互通，并按照既定分工相互配合，从而达到"1+1>2"的效果。

"狼群"是 DARPA 于 2000 年发起并主持开发的一个电子战项目。2000 财年，一个由政府、学术界和工业界代表组成的团队验证了"狼群"概念，并通过对关键技术和性能权衡的分析评估明确了该项目技术开发的关键领域。按照 DARPA 最初计划，"狼群"项目的目标是在 2010 年前部署一个综合陆基电子战系统。该系统由多个分布式节点（"狼"）组成，这些节点通过人工部署、迫击炮发射或空中发射等方式

99

抵近目标，并通过网络连接在一起形成一个"狼群"。这种方法需要使用廉价、低功耗的设备，这些设备可以提供近实时的精确地理定位和射频（RF）辐射源分类。尽管"狼群"的初始设计是一个独立的系统，但该系统也能够实现集成并与其他系统共享信息，如情报广播、全球指控系统以及其他无人值守传感器。

DARPA 分四个阶段来开发"狼群"项目。第一阶段，由 DARPA 管理，评估作战概念的有效性，并明确了关键技术。第二阶段，DARPA 于 2001 年 2 月发布了一项广泛机构公告，重点是"积极"开发新技术以显著提高性能。第三阶段于 2003 财年第一季度开始，旨在定义系统和开发技术。第四阶段于 2004 财年第四季度开始，着眼于样机系统和子系统的现场测试。

2001 年，该项目开始开发高风险、高回报的技术，如宽带天线、城市作战场景下的精确地理定位技术、密集威胁环境下的频谱拒止方法、超小型微干扰机等。2001 年 8 月，DARPA 选择了 AIL 系统公司、BBNT 解决方案公司、信息系统实验室公司、罗克韦尔·柯林斯公司、统计信号处理公司五家公司参与第二阶段技术开发，这些公司主要侧重于关键系统功能和核心技术的增强；还选择了 BAE 系统公司、雷声公司作为项目第三阶段的牵头承包商，它们负责牵头进行系统设计。

2002 财年，"狼群"项目完成了系统设计，并对"狼群"网络管理以及辐射源节点/网络识别、分类和定位组件技术进行了实验室演示和有限的现场演示。

2003 年 3 月 25 日，DARPA 选择 BAE 系统公司作为"狼群"项目牵头承包商，并授予该公司一份为期两年、价值 2280 万美元的合同，以继续开发该"狼群"系统。BAE 系统公司带领的团队主要负责开发如下三方面内容：用于自主检测、定位和分类的功能性低功耗算法；紧凑型宽带天线；自主部署方法。开发的每个传感器都是一个直径近 5 英寸[①]、高 8~10 英寸的伪装圆柱形单元（外加一副天线），看起

---

① 注：1 英寸约为 2.54 厘米。

来有点像纸巾卷。当一个单元降落在地面上时，它会伸展其机械腿并升起天线。

"狼群"系统

"狼群"系统性能参数如表所列。

"狼群"系统性能参数

参数	概述
频率覆盖范围	20兆赫~15吉赫（可扩展至20吉赫）
瞬时带宽	2.5吉赫
频率分辨率	1~6.25千赫
发射功率	平均不超过2瓦，峰值不超过40瓦
定位时间和精度	2秒，10米
分布密度	直线距离约1千米（取决于地形复杂度）

(续)

参数	概述
距离目标辐射源	100米以内
检测能力	90%~95% 的战场辐射，对3千米以外辐射源进行定位、5千米外雷达信号实施截获，可检测100兆赫~15吉赫频率范围90%~95%的连续波和脉冲雷达信号
组网数据速率	1兆比特/秒
工作持续时间	60天（睡眠模式），10小时（监视模式），5~10小时（攻击模式）

"狼群"项目开发的电子战技术，可以在整个战术作战空间内侦察与攻击敌方辐射源（通信系统和雷达），同时避免干扰友军和受保护的商业无线电通信系统。"狼群"概念强调了一种空中部署、地基、近距离、分布式、网络化架构，以获得电磁频谱优势。"狼群"的概念是使用传感器节点网络来感知射频环境，确定威胁的类型和配置，并执行精确、协调的响应（欺骗、压制乃至赛博攻击）。该响应可以是拒止通信系统和雷达信号的接收，或者转发威胁辐射源的地理位置信息。

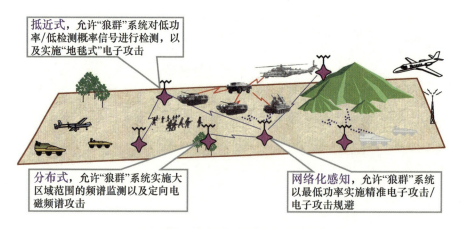

"狼群"系统作战应用示意图

为了更加直观地介绍"狼群"系统的能力和作用，下面给出了

"狼群"系统的作战场景想定（由于该系统开发较早，当时的使用场景主要面向201X年）。

201X年，美国以X国秘密研发大规模杀伤武器为由，单方面对其发起军事打击。为有效瘫痪该国的综合防空系统、通信与指控系统，美国通过多种隐蔽投送方式将"狼群"电子战设备部署到距离X国综合防空阵地、指控中心、电子侦察系统（电子侦察系统位置等情报信息得自谍报、平时战略情报等）等关键资产很近的距离内（有些甚至部署在1千米范围内），同时做好设备的伪装工作。这些设备在部署到位后保持静默状态，不断侦收、分析、记录X国雷达、通信系统等辐射源的信号参数，包括工作频率、工作模式、活动规律等，并随时等待控制人员下达作战命令。发起攻击前，美军利用火炮对X国多个关键目标发起攻击，将更多的"狼群"电子战系统通过火炮布撒到间谍无法渗透的重点区域。这些电子战设备在落地后自行展开，迅速进入工作状态。

在遭遇美军袭击后，X国前线和指控中心陷入慌乱状态，各种通信系统不断发出信号，指挥机关希望掌握前线的最新情况，前线阵地也不断汇报目前状态，并等待最新的指令，雷达系统启动战时模式，对空域进行高强度、高密度的搜索扫描。美军的"狼群"电子战系统通过分析不同节点的通信业务繁忙情况、通联关系、地理位置，迅速梳理、准确定位关键指挥机关所在地，同时也掌握了雷达系统在战时模式下的工作参数、流程等方面的最新情报，并通过无线通信手段将相关情报传回前线作战指挥机构。经过第一波次的攻击，美军基本掌握了X国的通信系统、雷达系统情况，这为后续行动提供了宝贵的情报。

为应对美军的攻势，X国也使用了多种类型的电子侦察系统，希望摸清美军的行动，摆脱处处受牵制的被动局面。美军在一开始就已考虑到 X 国可能会采取的电子支援措施，因此，在 X 国电子侦察系统周边也部署了"狼群"系统，它们基于平时战略情报和谍报以及美军本身需要隐藏的通信与雷达信号特征发射针对性的电磁干扰乃至电磁欺骗信号，在提升 X 国电子侦察接收机噪声进而使其侦察效能大幅降低的同时，还能够向 X 国电子侦察系统注入假目标、假情报，从而有效地防止了 X 国通过电子侦察系统对美军部队的动向进行监测的企图。

为全面掌握 X 国的下一步行动，美军开启第二波攻击。首先通过轰炸等手段切断 X 国的有线通信链路以迫使其采用无线通信进行指控或情报传输，并利用无线通信手段向"狼群"系统发送最新作战任务指令，以选择性地对 X 国部分无线通信系统实施干扰压制，同时诱骗其使用已被美军破解和掌握的通信系统进行联系，同时利用"狼群"系统向 X 国发送假信息，误导其高层决策。在这样的背景下，X 国防空系统的大部分电磁态势都被美军掌握。然后，美军结合战场实际情况，利用通信手段控制部分"狼群"系统的任务序列，令其向 X 国前线部队发送假信息，诱使 X 国的部队和设备前往美军预定的位置，使美军进攻部队几乎不受阻碍地向前推进，同时调动火力向 X 国部队集结地进行密集的轰炸，有效消耗 X 国的有生力量。

在掌握 X 国通信系统、雷达的工作频率、工作模式等参数后，美军利用"狼群"系统对 X 国综合防空系统的通信系统及雷达实施干扰，使防空雷达屏幕出现大量噪点，完全无法发现来袭飞机。此外，"狼群"系统还利用无线通信手段直接与 EA-6B"徘徊者"电子战飞机交换信息，为 EA-6B 开展空中电子干扰提供实时电子支援。美军还利用"狼群"系统阻断

X国雷达与其火控系统之间的射频通信链路，使得即使有部分雷达能够发现来袭飞机，也无法将目标信息发送给火控系统，其综合防空系统沦为摆设。美军战机在"狼群"系统的干扰掩护下，顺利突破X国的防线，对雷达站、指控中心、机场等高价值目标实施了有效的火力轰炸，使X国基本丧失制空权。美军在"狼群"系统的配合下，主动获取并牢牢掌握了电磁频谱领域的优势，并结合强有力的火力打击，有效地摧毁了X国的综合防空系统，使得美军战机可以不受阻碍地进入X国领空，为地面部队的推进提供近距离空中支援，大大加快了美军地面部队的进攻速度。

根据DARPA的描述，"狼群"系统由多个分布式节点（即"狼"）组成，这些节点（"狼"）采用组网技术，连接成"群"。它们一般部署在干扰目标周围100米以内，并对周边通信系统和雷达实施干扰。"狼群"可动态、自主配置网络，同时能根据实际作战需求重新指派任务。在攻击目标时，"狼群"系统也可自行建立子网，对关键节点进行干扰、监听乃至赛博入侵。每个"狼"的使用都非常灵巧，即使某一个"狼"因受损无法正常工作，也不会大幅削弱整个网络的工作能力。"狼群"系统在完成组网后会从中选出一个节点作为充当通信网关的簇头节点（"头狼"），其余的节点则开始监测周围的电磁环境，并通过测量信号到达接收机的时间差，快速将敌方信号从众多电磁信号中检测出来，然后，制定出完成任务的最佳侦察与干扰策略，最后，"头狼"将这些信息上报给更广范围的战场网络。

网络化协同电子战：电磁频谱战体系破击的基石

请务必来打我：
美军小型空射诱饵（MALD）

"兵者，诡道也。"自古以来两军交战，采取各种变化手段成功迷惑对手进而获得战场主动权的一方，往往能取得最终的胜利。"能使敌人自至者，利之也"。利用诱饵消耗敌方弹药，保护己方后方真正的作战部队；还可引诱对手发动攻击，可使敌方部队暴露位置和意图，形成敌明我暗的有利局面，便于打击敌方关键军事单位。

利用诱饵进行伴攻的作战思想贯古通今，无论中外，皆有体现。为了保护战场上的重要空中资产，美军构想发射空中诱饵弹实施欺骗式电子干扰来辅助作战。这种诱饵弹的研发历史可追溯到20世纪50年代，当时美军希望利用假目标欺骗敌方防空系统，掩护战略轰炸机突防，因此研制了ADM-20"鹌鹑"诱饵弹。该弹能模拟B-52轰炸机的雷达反射信号。直到1978年，雷达技术进步导致该诱饵弹的欺骗效果能被敌方雷达识破，才告退役。20世纪80年代，以色列一种新型诱饵弹在贝卡谷之战中名噪一时，美军因而采购了数千枚该弹，赋予编号ADM-141A，命名为"战术空射诱饵"（TALD），改进型战术空射诱饵（ITALD）编号为ADM-141C。1991年，海湾战争中，TALD成功诱骗伊拉克防空系统开机并发射了防空导弹，尽管发射的防空导弹摧毁了TALD诱饵，但伊拉克防空系统雷达开机使得美军很容易就通过电子侦察对其进行锁定，并为后续对这些雷达实施反辐射打击提供了机会窗口。

由于空射诱饵在战场上表现出色，DARPA 于 1995 年提出研发"小型空射诱饵"（MALD）。这是一种低成本一次性使用的亚声速无人飞行器，采用 GPS 和惯性导航的方式进行制导，外形类似巡航导弹。该弹最初设计思路为以假乱真，模拟美军战斗机雷达回波信号，欺骗干扰敌方防空系统使其产生误判，从而致使在摧毁诱饵方面浪费大量防空火力。这就相当于变相地保护了己方作战飞机，提高了突防成功率，并最终帮助完成对敌防空压制的作战任务。真可谓"形兵之极，至于无形"。B-52H 轰炸机上搭载 MALD 的情形如图所示。

B-52H 上搭载的 MALD

MALD 最初由诺斯罗普·格鲁曼公司牵头研发，编号为 ADM-160A，以典型战术飞机的巡航速度飞行，航程 460 千米，可模拟美军多种作战飞机的雷达回波信号特征。ADM-160A 所模拟的信号是可调的，工作频率范围包括 VHF、UHF 和微波信号，通过配置不同的功率、振幅、频率分布等信号特征，可以模拟 F-15"鹰"和 F-16"战隼"战斗机的雷达回波。利用诺斯罗普·格鲁曼公司的信号特征增强系统，MALD 甚至还能模拟出 F-117"夜鹰"隐身战斗机和 B-2"幽灵"隐身轰炸机的雷达回波信号。当然，随着F-117"夜鹰"隐身战斗机于2008年退役，MALD模拟该战斗机的能力也必然不再需要。

在20世纪90年代末到21世纪初，MALD项目经历了立项、研发、试飞、改进和采购等阶段，后来因价格昂贵和航程航时有限而一度被取消。2003年，经过评估后重启，雷声公司成为项目重启后的新承包商，新MALD诱饵弹编号改为ADM-160B。新型MALD以ADM-160A为基础，具有更远的航程和更长的续航时间，能模拟F-16"战隼"战斗机、B-52"同温层堡垒"轰炸机等现役飞机的雷达回波信号特征，执行任务时F-16"战隼"战斗机可携带4枚MALD，B-52"同温层堡垒"轰炸机可携带16枚MALD。2006年，ADM-160B进入演示验证阶段。在2006年到2010年间，美国空军分3批采购了总共约700枚ADM-160B诱饵弹。

如果把所有空射雷达诱饵弹视作同一个项目的产品，那么，从ADM-20"鹌鹑"到ADM-160B为止，诱饵弹采用的是一种发射前预编程并按部就班运行的工作模式，飞行中任务不可调整。从干扰型小型空射诱饵（MALD-J，编号ADM-160C）开始，空射雷达诱饵弹开始踏入了全新的网络化协同阶段，这个阶段的诱饵弹开始搭载数据链，并采用一种与用户进行网络化交互的工作模式，飞行中可以动态调整任务。

2008年，雷声公司获得MALD-J合同，研制可干扰敌方防区内雷达的诱饵弹，编号ADM-160C。2009年，雷声公司开始研究为MALD-J加装数据链系统，这项工作在2014年的试验中取得成功，实现了用户与诱饵弹之间的连通性。MALD-J加装数据链后，增强了态势感知能力，能在飞行中进行任务调整。MALD-J能有效部署在敌方防空系统站、通信节点附近，在特定区域上空巡航，并对特定目标实施长时间干扰。MALD-J在执行其所分配到的干扰任务时，通过数据链将作用范围内的态势感知信息发送给电子战战斗管理人员。电子战战斗管理人员处理和分析所获取的信息，并据此动态调整飞行中的

MALD-J 的任务。在诱饵弹搭载数据链之前，尽管也能发挥预期效果，但作战模式缺乏灵活性，并且执行的任务基本上是以防区外欺骗干扰为主。诱饵弹经过几十年的发展，对手也开始逐渐熟悉诱饵弹，并研究出一系列相应的对策。数据链的加入为诱饵弹注入了新的活力，为其打开了网络化电子战的大门，开辟了新的作战模式，并催生出新的 MALD 改型。三种传统型号 MALD 的主要性能如表所列。

三种传统型号 MALD 的主要性能

型号	ADM-160A	ADM-160B	ADM-160C
翼展／米	0.65	1.71/1.37	
长度／米	23	2.84	
质量／千克	36.5	113	
升限／米	9145	12190	
续航时间／分钟	25	60	
航程／千米	463	926	
速度／马赫数	0.85	0.93	
发动机	TJ-50	TJ-120	TJ-150

2016 年 7 月，雷声公司获得 MALD-X 的合同。该型号为 MALD-J 的改进型，在架构方面增强了模块化特性，在载荷方面新增了赛博空间作战诱饵。MALD-X 能低空突防敌方领空，以便在执行电子战任务前进入作战目标区域，在飞行过程中通过机载数据链实时分配或重分配任务。美军认为，低频防空雷达仅能探测到隐身飞机，而无法维持有效的跟踪，因此，MALD-X 诱饵弹依然可以制造虚假目标来欺骗和迷惑敌方防空系统。此外，MALD-X 区别于传统型号空射诱饵弹的特点在于，其赛博空间作战诱饵具备自适应能力，可根据远程操作人员的指令，以自主或半自主方式对敌方防空节点实施电子攻击和赛博空间攻击。这意味着，MALD-X 可以对特定防空系统的指控通信与情报

（C^3I）网络或节点进行精确攻击。美国海军对MALD-X型号表现出极大的兴趣，希望能将其纳入到海军型小型空射诱饵（MALD-N）装备体系中。因此，MALD-X很可能会由EA-18G"咆哮者"电子战飞机搭载，并由机组远程控制以执行任务。

从本质上来看，MALD系列诱饵弹是一种宽频带的有源雷达干扰机，包含雷达告警接收机、雷达干扰发射机和收发天线。有源干扰的基本原理是发射适当的干扰信号进入敌方雷达接收设备，以此破坏或扰乱雷达对目标回波信号的检测。MALD工作时，雷达告警接收机检测到敌方雷达信号后，处理和分析得到所接收到的信号的频率、辐射源方位和脉内参数等信息，并将该信号与数据库进行比对，确定辐射源的基本特征，然后将所接收到的信号放大，产生与载机雷达回波特征相似的欺骗信号，并向来波方向发射，起到欺骗敌防空雷达的作用。MALD任务载荷系统采用综合射频体制，覆盖频带宽，具有较高灵敏度。因此，其工作频段可覆盖大部分地面和舰载防空告警雷达、火控雷达和弹载雷达工作频段，可有效对抗各种先进体制雷达系统。MALD系统构成如图所示。

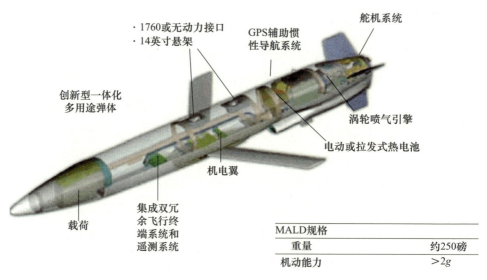

MALD规格	
重量	约250磅
机动能力	>2g

MALD系统构成示意图

纪传篇

MALD 诱饵弹经历了从 ADM-160A 到最新的 MALD-X 的几个发展阶段，随着电子战技术、通信技术以及作战理论的发展，其作战模式也在不断更新。MALD 系列诱饵弹大致有以下几种作战模式。

（1）制造决策困境掩护己方空中装备。在执行空中军事行动时，战斗机或轰炸机等主战飞机释放一群 MALD，MALD 低空飞行率先进入敌方领空，战斗机或轰炸机在其后方飞行。当这些 MALD 进入敌方领空并分散到多个目标区域内之后，每个诱饵弹根据指令可任意生成一个或多个逼真的目标信号，敌方防空系统会检测到这些欺骗信号。敌方指挥官无法立刻判断这些信号是来自真实作战平台还是诱饵弹，因此不敢即刻下令发射导弹以摧毁目标。因为一旦防空系统火控雷达开机并引导防空导弹打击虚假目标，就会面临电磁暴露的风险，进而受到反辐射导弹的威胁。因此，指挥官在短时间内会面临决策困境。这一时间窗口为美军真正空中资产的部署提供了可乘之机。

（2）透支和打击敌方防空系统。大量 MALD 进入敌方防空识别区，每个诱饵弹生成多个逼真的飞机目标，模拟包括战斗机、轰炸机、运输机、电子战飞机等在内的多种飞机的雷达回波信号特征，进而可模拟出一整个突防集群，而且该集群还可以根据其常规作战流程呈现出体系作战姿态。由于敌方防空系统有跟踪数量上限，MALD 虚假信号数量超出该上限时，敌方防空系统就会达到过饱和状态，进而无法对己方真正的空中资产进行跟踪。敌方指挥官一旦决定发射导弹攻击诱饵和虚假目标，就可能会大量消耗防空系统的实力，从而达到间接保护己方资产的目标。此外，敌方防空系统雷达开机后，己方就能锁定其防空系统，然后发射反辐射导弹摧毁其雷达和相关设施。此应用场景下，MALD 与 AGM-88 系列反辐射导弹可实现协同作战，即利用 MALD 来实现对 AGM-88 导弹搭载平台的交叉提示。

（3）定点打击指控通信节点或网络。装备数据链后，MALD-J 或 MALD-X 就具备了实施近距离电子欺骗与干扰的能力。例如，EA-18G "咆哮者" 电子战飞机等诱饵弹载机在防区外发射诱饵弹，诱饵弹自行飞行至目标区域，近距离面对敌方防空系统。EA-18G"咆哮者"电子战飞机通过数据链远程操控诱饵弹执行电子战和赛博空间作战任务，诱饵弹将赛博空间作战载体（恶意代码）注入敌方防空系统，瘫痪敌方防空系统网络，为己方作战飞机突防建立安全通道。

数据链的引入完全改变了MALD系列诱饵弹的任务特性，从预先规划好飞行路线的诱饵变成了可实施网络化动态作战的单元，诱饵弹操作人员可以命令其在飞行中接收不断变化的电子战斗序列。这将有助于让第4代和第5代战斗机在中等和高风险作战环境中生存，并帮助执行对敌防空压制任务的飞机压制、瘫痪乃至摧毁敌方防空网络。现役隐身飞机涂料逐老化等问题让其在执行任务时对诱饵弹的依赖程度更强；此外，利用诱饵弹可扩展EA-18G"咆哮者"电子战飞机的作战范围。总之，MALD系列诱饵弹在具备网络化能力以后，将为美国空战带来越来越丰富的战术选择。

五脏俱全的小麻雀："空射效应器"

在未来作战中,美国陆军会面临一系列挑战:潜在对手网络化机动防空系统的防护范围将进一步扩大,指控、通信、计算机、情报、监视与侦察(C^4ISR)系统更加先进,会拒止美军区域内的行动自由。面对上述这些高致命性的威胁,美国陆军的直升机需要范围更广、功能更强大的"生态体系"来联合其他军兵种一起寻找或制造对手的防空突破口。一种名为"空射效应器"(ALE)的小型无人机系统就是打造整个"生态体系"的关键部分。"空射效应器"系统可以与有人平台一起形成作战体系,也能执行网络化全自主无人集群作战。下面给出了一段"空射效应器"的作战想定。

2030年,美国陆军的未来攻击侦察机与MQ-9"死神"无人机从军事基地起飞,拟对X国部署了最新型综合防空系统的沿海某基地实施侦察与攻击,以便为后续的火力打击与突防"打前站"。未来攻击侦察机与MQ-9"死神"无人机在距离目标基地300千米外的地方投放了12架"空射效应器"无人平台。操作人员通过数据链远程控制这些"空射效应器"(也可以自主飞行)以100~130千米/小时的速度向X国防区内飞行。由于这些无人机体型小、飞行高度低(掠海飞行),因此,飞行过程中并未被敌防空雷达发现。与此同时,未来攻击侦察机与MQ-9"死神"无人机并未返航，而是等待进入战场的最佳时机。

6架搭载探测、识别、定位和报告载荷的小型"空射效应器"顺利进入目标区域，通过各架无人机的机载射频传感器开展分布式、抵近式电子支援侦察、信号情报侦察、成像侦察、雷达探测，进行宽视场大范围搜索，初步形成了有关敌防空系统雷达信号特征、通信链路信号特征、导弹等武器系统部署情况的图像特征等态势感知信息，并根据多平台间数据与情报融合，以及结合人工智能与知识库相关信息，找到了敌综合防空系统中的关键节点、关键链路，并准备引导远程导弹对这些节点与链路实施火力打击。

然而，由于雷达探测需要发射电磁信号，这些空射效应器被X国综合防空系统中的电子侦察系统发现，敌方发射防空导弹、定向能武器对这些空射效应器实施火力打击，同时利用电子干扰机对其实施干扰。

此时，在所有"空射效应器"按照人工智能引擎给出的规避手段规避各种打击的同时，搭载有光电/红外载荷的3架"空射效应器"对X国发射的地面防空导弹进行捕获、识别、窄视场跟踪以引导精准电磁攻击，同时，这3架"空射效应器"还通过远程链路成功引导了远程导弹对前期标定的关键节点与链路实施火力打击，最终远程导弹在X国打造的强电磁干扰环境下成功实现了20%的命中率，并摧毁了半数的关键节点与关键链路。

同时，"空射效应器"中4架搭载了射频干扰与欺骗系统的无人机通过整合分析收集到的数据，借助智能算法得出最佳方案，调动携带的电子攻击载荷对X国发射的防空导弹实施电磁压制干扰与欺骗干扰（主要是导航诱骗），并最终将战损降低到了2架无人机被火力摧毁、1架无人机被诱骗降落。此

外，2架携带火力攻击弹药的"空射效应器"中有一架被X国防空系统摧毁，另一架成功突防并靠近地面目标，发动自杀式攻击，摧毁部分目标系统。

与此同时，虽然X国沿海地形复杂，但是后方的未来攻击侦察飞机和前方的"空射效应器"机群组网协同，通过智能算法得出最佳航行路线，以最快速度不受地形限制而安全顺利地进入战场。"空射效应器"集群的数据链网络将前方战场情报信息发送给后方的未来攻击侦察飞机、MQ-9"死神"无人机等平台以及各指挥所，为指挥官提供全局态势感知优势。根据"空射效应器"机群传递的目标实时定位信息，指挥官得到了X国防空系统部署位置、关键节点、关键链路。此时的未来攻击侦察飞机已经进入了X国防空系统的打击范围，然而，受到"空射效应器"诱饵干扰的X国防空系统虽然发现了其存在，但是没能第一时间成功摧毁该飞机，反而是美国陆军直升机上配备的远程精确弹药（LRPM）开始执行精确火力打击任务，成功摧毁X国中远程火力系统。

在此次行动中，12架"空射效应器"中有2架自杀式损毁（其中1架被拦截而损毁）、1架无人机被诱骗降落、2架无人机被火力摧毁、剩余7架成功回收。未来攻击侦察飞机与MQ-9"死神"无人机在"空射效应器"的掩护和辅助下，未遭受任何损失。"空射效应器"引导的远程导弹成功对已标定的X国综合防空系统中半数关键节点与关键链路实施了火力摧毁。至此，美国陆军以完全可以承受的代价打开了X国综合防空系统的缺口。

美国陆军"空射效应器"项目征集书

"空射效应器"项目信息征集书于2020年8月由美国陆军作战能

力开发司令部发布，旨在帮助美国陆军在实力相当的对手所打造的复杂空域和拒止环境中作战。"空射效应器"的具体功能包括有源侦察、无源侦察、诱饵、电子攻击以及自杀式攻击。

"空射效应器"包括一系列小型和大型无人机，可由美国陆军先进的未来攻击侦察机和突击运输直升机从空中发射，然后与其他有人和无人平台协同工作，以探测、识别、定位和报告（DILR）敌方防空系统中的威胁，并实施致命和非致命打击。"空射效应器"可以通过抗干扰数据链将侦察到的信息发送到区域内的其他平台或后方的指挥所，以进行进一步的处理和利用，或者给指挥官提供更多的态势信息。"空射效应器"还可以充当诱饵来迷惑敌方的防空系统，并发动电子战、网络战和导航战等多种攻击。信息征集书中提供的"空射效应器"参数要求如下表所列。

陆军需要的两类"空射效应器"无人机的规格

类型	大型	小型
重量/千克	小于102（目标小于79.4）	小于45.3（目标小于22.6）
飞行速度/（千米/小时）	至少130	至少55.6
航程/千米	350（目标650）	100（目标150）
续航时间/小时	0.5（目标1）	0.5（目标1）
冲刺速度/（千米/小时）	至少648.2（目标1111.2）	至少222.2（目标380）

信息征集书中还提到空射效应器无人机的主要任务有效载荷包括探测、识别、定位和报告（DILR）系统以及诱饵和干扰系统。另外，还需要用于实现分布式协同作战功能的软硬件与技术，包括指控与通信处理技术、数据链、平台主要动力以及赛博防护。"空射效应器"需要用人工智能算法来处理传感器数据，并且能够自动响应和适应环境变化。空射效应器所需的传感器、效应器和使能器如表所列。

"空射效应器"所需的传感器、效应器和使能器

传感器和效应器	空射效应器（大型/小型）	
	光电/红外	射频
DILR 无源	√	√
DILR 有源		√
诱饵		√
破坏		√
使能器		
基于决策的算法	√	
指控、通信	√	
平台主要动力	√	
赛博防护	√	

当前"空射效应器"项目研制情况

目前，"空射效应器"项目中的一部分无人机已经由 Area-I 公司（该公司于 2021 年 4 月被国防技术提供商 Anduril 公司收购）设计制造，产品名为"空中发射管式综合无人系统"（ALTIUS），具体包括 ALTIUS-500、ALTIUS-600、ALTIUS-900 等多款无人机。其中，ALTIUS-600 小型无人机类似巡飞弹。该无人机长 1 米，翼展 2.54 米，机身直径 0.152 米，重 9~12 千克，航程 444 千米，至少可续航 4 小时，光电载荷质量 1.35~3.15 千克。该无人机航程远的关键在于其特殊的机翼。该型无人机采用圆头、长筒状流线型机身、大展弦比折叠弹翼布局设计，矩形机翼向后折叠于背部，展开时略向前倾，并且会横向展开第二段弹翼增加展弦比。尾部有一对呈一定夹角的下置矩形方向舵，方向舵以及螺旋桨采用前向折叠式设计。ALTIUS-600 的结构和实物图如图所示。

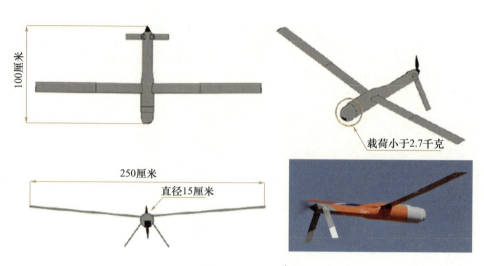

ALTIUS-600 示意图

ALTIUS-600 的发射系统是 Area-I 公司生产的气动集成发射系统。该无人机内部装有处理器、数据链以及多种有效载荷，如光电载荷、电子战载荷、通信设备甚至战斗部，可以执行侦察、假信号欺骗、诱饵欺骗、摧毁敌方目标以及反无人机等任务。随着试验平台范围的扩大和任务载荷功能的增加，ALTIUS-600 无人机系统正在超越"空射效应器"掩护突防的初始目标，最终可能成为一个具备多种功能和"蜂群作战"能力的多平台发射系统。

 纪传篇

电磁身外身：
美国海军 AOEW 项目

> 他们的导弹齐射会毫无希望地沉入大海，我们希望他们继续这样做，直到武器用完为止，这样我们就不必开火了。
>
> ——洛克希德·马丁公司电子战系统主管约瑟夫·奥塔维亚诺

引言——一颗反舰导弹的自白

我，是一颗反舰导弹，我拥有先进的雷达制导系统，舰船在我眼中无所遁形。今天是 202X 年的一天，我被发射了，今天注定是我的辉煌时刻。很快，我就看见了我的目标，一艘驱逐舰。

不对，我又看到了一艘一模一样的驱逐舰，我竟完全无法分辨哪一个是真实目标。很遗憾，按照我的工作机理，出现这种情况意味着我将偏离原定目标。为何我的先进探测技术不起作用？难道敌方的诱饵技术又取得了新突破？可我明明没有觉察到诱饵或干扰的存在啊！有些费解。

场景分析

以上就是美国海军先进舷外电子战（AOEW）项目所营造的场景（舷外，即平台外、船外/舰外的意思）。该系统通过网络化手段对反舰导弹进行电子欺骗，提供与被模拟目标（舰船）相吻合的雷达回波，使得舰船具有射频领域"隐真示假"的能力，其目标是对抗雷达制导反舰导弹，保护己方舰队。

美国海军对 AOEW 的电子攻击技术和战术细节严格保密，但其项目经理曾透露，AOEW 将提供区域防御能力以支持舰队作战，而不仅仅为单艘舰船提供保护。目前，AOEW 项目的重点是发展有源任务载荷。不同于一般的无源诱饵，有源任务载荷主动发射电磁波，可以干扰和欺骗目标（有源和无源的区别即在于是否发射电磁波）。AOEW 有源任务载荷的承包商洛克希德·马丁公司曾公布一张作战场景设想图，如图所示，为我们分析 AOEW 能力提供了参考。

AOEW 作战场景设想图

图中左半部分是舰船和直升机的本体（"真"），左下角是一艘驱逐

舰，上空是一架直升机，远处是一艘航空母舰。驱逐舰和直升机向左发出的蓝光表示其使用各自的电子战装备对目标进行欺骗干扰（包括交叉眼干扰等在内）；粉色代表对目标产生的欺骗效果（"假"）——驱逐舰发射的一枚诱饵弹让敌方雷达看到了一个驱逐舰的"分身"（假目标），直升机的干扰让敌方雷达看到了一艘航空母舰的"分身"（假目标），两个分身都极其逼真。需要说明的是，这里的"分身"是射频领域的"分身"，是敌方反舰导弹的制导雷达看到的"分身"，而不是肉眼可见（可见光）或红外可见（红外）的"分身"。这类似于隐身飞机的概念——隐身是对于雷达隐身，而不是肉眼不可见。图中没有显示的是，直升机和驱逐舰的电子战装备之间进行了网络化协同，由此可同时形成多个分身，以生成由多个假目标构成的"幽灵编队"，进而产生更好的防御效果。

MH-60 直升机上使用的 AOEW 任务载荷编号为 AN/ALQ-248，它本身是一个独立的电子战吊舱，可装载在 MH-60R/S 直升机的左右扩展支架上。吊舱集成有高灵敏度电子战接收机和电子攻击子系统，可独立工作，也可与舰载电子战系统组网协同工作。独立工作时，吊舱将使用自己的接收机系统来检测、识别和跟踪威胁目标，然后启动先进的电子攻击子系统来生成和发射相应的射频干扰。

驱逐舰用以与 AN/ALQ-248 系统组网的电子战系统是 AN/SLQ-32（V）6/7 系统。在与 AOEW 有源任务载荷组网协同工作时，AN/SLQ-32（V）6/7 系统负责检测逼近的反舰导弹威胁，然后，通过 link 16 数据链引导和控制直升机上的 AN/ALQ-248 系统有源任务载荷；AN/ALQ-248 系统也可通过 link 16 数据链与 AN/SLQ-32（V）6/7 舰载电子战系统共享信息，在空中提供超视距电子侦察能力。交战期间，AN/ALQ-248 系统可在 AN/SLQ-32（V）6/7 舰载电子战系统的协调下，与其他软杀伤射频对抗措施协同使用。

"班布里奇"号驱逐舰上的 AN/SLQ-32（V）6 系统

在 AOEW 作战场景设想图中驱逐舰发射的诱饵很可能是"纳尔卡"/MK 234 有源导弹诱饵。该诱饵已经在"阿利伯克"级驱逐舰上大量装备，对照另一个角度的 AOEW 作战场景设想图中驱逐舰发射的诱饵，两者外形基本相同。

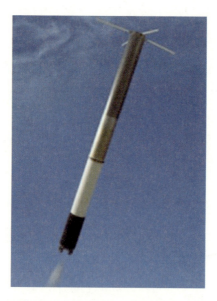

"纳尔卡"/MK 234 有源导弹诱饵

另一个角度的 AOEW 作战场景设想图

"纳尔卡"系统能够接收舰载电子战系统提供的目标信息，计算诱饵弹的最佳发射时间和最佳弹道。饵发射装置依据发射指令进行发射，根据预先设定的高度（最高 100 米）、速度和飞行路线在指定位置悬停，主动辐射电磁波，形成一个驱逐舰"分身"。虽然目前没有信息指出"纳尔卡"是 AOEW 项目的一部分，但"纳尔卡"明显是设想场景中网络化电子战体系的一部分。由于 AOEW 有源任务载荷 AN/ALQ-248 系统可以和 AN/SLQ-32（V）6/7 舰载电子战系统协同，所以"纳尔卡"诱饵在发射前也可以及时获取 AN/ALQ-248 系统的信息，提升诱饵的作战效能。

项目介绍

AOEW 项目发展已经经过了两个阶段。第一阶段是快速响应阶段，通过采购英国的充气式角反射器（属于无源干扰）来满足紧急的作战需求，于 2014 年 2 月完成合同签署，2015 年底完成采购。第二阶段是研发可在 MH-60R/S 直升机上部署的有源干扰系统，系统招标书于 2014 年 8 月发布，对有源任务载荷的初始设计、工程和制造开发以及低速初始化生产进行招标。招标说明中明确了有源任务载荷需要与 MH-60R、MH-60S 直升机和 AN/SLQ-32 舰载电子战系统集成，并把 link 16 数据链作为实现双向通信的数据链系统。

洛克希德·马丁公司、雷声公司和哈里斯公司都参与了竞标。最终，经过几轮答辩和提案修订，洛克希德·马丁公司旋翼与任务系统部电子战业务部门于 2016 年 12 月获得了 550 万美元的初始设计合同。该合同包括全面开发和低速初始化生产选项，当时，总合同金额预计可达 9270 万美元。该合同于 2017 年 1 月正式公布，AOEW 有源任务载荷也正式获得军方代号 AN/ALQ-248。

按照最初的计划，在所有工程制造开发和低速初始化生产合同选项都获执行的情况下，洛克希德·马丁公司可向美国海军提供初始的 18 套 AN/ALQ-248 吊舱系统，这包括 6 套工程研制模型系统、2020 财年最多 4 套低速初始化生产系统以及 2021 财年最多 8 套低速初始化生产系统。美国海军计划于 2021 年实现 AN/ALQ-248 的初始作战能力，但其研发和测试并不顺利，原计划于 2020 财年开始生产的 4 套低速初始化生产系统推迟至 2021 财年末才授出合同，这样，低速初始化生产工作预计于 2024 年 5 月完成。据 2022 年 1 月最新消息，洛克希德·马丁公司已经完成 ALQ-248 吊舱的飞行测试，于 2022 年 7 月或 8 月向美国海军交付首批低速初始生产样机。

除了充气式角反射器和 AN/ALQ-248 系统，AOEW 项目还包括其他子项目，如"长航时先进舷外电子战平台"（LEAP）项目。2020 年 4 月，美国海军研究办公室授出 LEAP 的初步概念设计合同，旨在开发一种一次性飞行载机及其对抗措施载荷。LEAP 诱饵可在空中飞行待命 1 小时以上，在主要射频和光电/红外频段拥有运用模块化电子战载荷的能力，具备诱饵和控制站之间的安全双向通信能力。可见，LEAP 项

目也是 AOEW 网络化电子战系统的一部分。LEAP 预计于 2026 年至 2027 年实现低速初始化生产。

几点认识

（1）AOEW 项目网络化的关键是使直升机载 AOEW 有源任务载荷和舰载 AN/SLQ-32（V）6/7 系统（未来该系统将由水面电子战改进项目（SEWIP）替代）可以通过数据链路共享信息，实现舰－机协同电子战作战，进而通过网络化手段提升侦察和干扰欺骗能力。在侦察层面，舰－机协同电子侦察可以综合利用舰／机平台上的侦察资源，统一进行侦察任务的动态分配，快速获取感兴趣频段内的目标信号，为引导有源／无源任务载荷或有源／无源诱饵的干扰、欺骗提供决策支持，提高攻击引导的时效性和准确性。在电子攻击层面，舰－机协同电子攻击可以灵活选择不同的攻击策略和方式（压制干扰、欺骗干扰、假目标乃至赛博攻击），实现更具欺骗性的作战效能。

（2）航空母舰等大型海上平台的雷达反射面积非常大，因此被雷达制导导弹攻击的可能性也非常大。为此，可以使用舷外有源诱饵，在预先设定的位置模拟舰船的雷达反射特征，引诱射频制导反舰导弹远离其预定目标。但是当前舷外有源诱饵的缺点是持续工作时间短，通常为几十秒，最多几分钟，而 AOEW 有源任务载荷可以在直升机上持续工作很长时间（如敌方电子侦察卫星星座连续过顶航空母舰编队的时间），这也是 AOEW 项目的重大意义之一。

（3）AOEW 有源任务载荷和 AN/SLQ-32（V）6/7 系统之间的电子战协同需要其他系统的协调，该系统称为"软杀伤协调系统"，是一个软件系统。为了支持新的有源任务载荷能力，美国海军正在改进其舷内／舷外软杀伤协调系统，以使其能更好地协调舷内／外电子战系统的任务，涵盖现役对抗措施和 AOEW 有源任务载荷。

（4）虽然目前 AOEW 有源任务载荷搭载在直升机平台上，但未来很有可能还会用于无人平台。目前使用直升机主要是基于现状考虑，美国海军希望在提供持续舷外软杀伤防御方面降低风险，所以将MH-60平台作为AOEW项目首批增量载荷平台。预计以后的增量将采用无人机，AOEW有源任务载荷未来经改装后可装备在远程长航时无人机上。

结语

  我还是那枚反舰导弹，虽然我有精确的制导雷达，但我还是沉入了海底。

  我，败在了网络化协同的"大交叉眼"干扰手下，心有不甘啊……后续，应该会有能够应对的新体制导弹出现吧。

  我想，未来的舰载网络化干扰与新型反舰导弹反网络化干扰的对抗，必将更加精彩吧。

 纪传篇

悄无声息的导弹:
EA-18G 网络化无源定位能力

2013 年 7 月,美国海军举行例行的"三叉戟勇士 2013"(TW 13)演习,该演习是 2013 年舰队实验(FLEX 13)的一部分。尽管此次演习是每年一度的例行演习,然而,对于美国海军的 EA-18G "咆哮者"电子战飞机乃至电磁频谱领域内的作战模式而言,都有着非常重大的意义。因为可能从此次演习之后,会出现一种前所未有的作战模式——**电磁静默情况下的精准火力打击 / 火力引导**。这种作战模式还可视作一种更为广义的作战模式——**"电磁静默战"**——的一种特例。当然,本文的重点在于"网络化",关于电磁静默方面的描述会介绍得相对简单。

试想一下,从防御者角度,如果正在执行作战任务的战斗机在没有发现任何敌方雷达或光电 / 红外照射(机载雷达告警接收机、光电 / 红外告警接收机未收到任何威胁信号)的情况下,忽然被"悄然而至"的导弹摧毁(尽管实现这种效果的前提非常苛刻),应该非常颠覆;或者从攻击者角度,如果在机载雷达、光电 / 红外探测设备完全不用开机的情况下,就能对敌方战斗机实施精准火力打击(同样,前提非常苛刻),也应该非常颠覆。

简而言之,**这种颠覆来自于 EA-18G "咆哮者"电子战飞机的网络化无源定位能力**。在此,有两个关键词,即"网络化""无源定位"。"网络化"指的是多架 EA-18G 飞机通过数据链组网来实现,而不是由飞机来实现;"无源定位"指的是仅仅通过接收目标平台(如敌方战斗

机、舰船等)发射的电磁信号来实施地理定位与跟踪,在整个过程中不用向目标主动发射任何电磁信号。这种使用过程简单想定如下。

三架 EA-18G "咆哮者"电子战飞机通过组网可以实时生成有关敌方射频源的目标瞄准轨迹,但若机载数据链不升级则无法实现。

加装 TTNT 数据链之后(波音公司于 2015 年 12 月 1 日宣布,在美国海军 EA-18G "咆哮者"电子战飞机上加装 TTNT 数据链),EA-18G "咆哮者"电子战飞机就可以使用其电子战吊舱来精确定位辐射源。

在一组三架飞机中,当一架飞机检测到一个信号(如手机信号)时,其他两架飞机也可以接收到相同的信号,所有三架在测量信号从辐射源到每架飞机的时间后,以到达时差测量方法把辐射源定位到一个"非常非常小的区域"内(**这个区域小到足以引导精确火力打击的程度**)。

美国海军已经证明了这一概念:使用搭载了罗克韦尔·柯林斯公司的 TTNT 数据链、ALQ-218 电子战接收机、ALQ-217 电子战接收机的多架 EA-18G "咆哮者"电子战飞机来获取目标船只辐射的信号,并在远距离对目标船只进行了精确瞄准。**整个过程中,EA-18G "咆哮者"电子战飞机的机载雷达都没有使用,没有辐射任何电磁信号。**

2013 年以后,每两年美国海军都会对这种能力进行演示、完善、推进,分别在 2015 年舰队实验(FLEX-15)、2017 年舰队实验(FLEX-17)、2019 年舰队实验(FLEX-19)中演示了相关能力。除了无源定位能力不断提升以外,组织方式(从有人机组网到有人–无人组网)、参与平台(EA-18G、F/A-18、E-2D 等)、作战对象(从水面低速目标到空中高速目标)都在不断变化、演进。

小贴士:"无源"与"有源"

简而言之,在电磁频谱领域,所谓"无源"(passive,有时也称为"被动")与"有源"(active,有时也称为"主动")指的是"是否发射电磁能":辐射电磁能的活动、技术、装备属于"有源";不辐射电磁能的活动、技术、装备属于"无源"。

例如,大部分雷达、大部分通信系统、敌我识别系统、光电探测系统等需要辐射电磁信号,因此是"有源"系统/装备。诸如雷达告警接收机、通信侦察接收机、电子侦察测向与定位系统、卫星导航接收机等则不需要辐射电磁信号,因此是"无源"系统/装备。

需要说明的是,随着世界军事强国对于作战中"电磁静默"的重视程度越来越高,传统上很多"有源"设备也逐步向"无源"转型。例如,随着隐身平台探测能力需求的不断提升,无源雷达越来越受重视。与传统雷达"自发自收"电磁脉冲信号不同,无源雷达通过仅仅接收特定区域的背景电磁信号并检测"异常扰动"来发现目标,或者通过仅仅接收第三方辐射源直射信号(如广播电台)及其在目标上的反射信号来发现目标。总之,雷达本身不发射任何信号。再如,战略核潜艇、隐身战略轰炸机、隐身战斗机等平台上搭载的电台等通信系统通常会处于"只收不发"模式,这可视作"无源通信系统"。

还有一点需要说明,在电子战领域内,即便是"干扰"也可以是无源的。例如,箔条就是典型的无源干扰材料,它可以反射敌方的雷达波,进而实现干扰。但在此过程中箔条本身不辐射任何电磁信号,因此属于无源干扰。同理,基于吸波材料的隐身也是无源干扰。然而,红外诱饵弹则属于有源干扰设备,尽管它通常采用与箔条相类似的方法从平台上投射出去,这是因为红外诱饵弹干扰是通过辐射红外信号实现的。

2013 年,EA-18G 首次展示网络化精准定位能力

2013 年 7 月,美国海军牵头举行了"三叉戟勇士 2013"演习,该演习的主题是"网络化传感器",目标是改善海上网络、远距离协同、互操作性能力,以应对反介入/区域拒止(A2AD)挑战。此次演习的想定中包括了视距、超视距和基于 IP 的话音和数据组网,目标是为作战人员提供更高的定位精度。

作为"三叉戟勇士 2013"演习的一部分,演习期间进行了战术目标瞄准组网技术(TTNT)/到达时差(TDoA)定位演示,其目标是验证一种在反介入/区域拒止环境中对抗高级威胁时的远距离、无源精确瞄准能力。

最终演习实现了基于 EA-18G"咆哮者"电子战飞机机载 TTNT 数据链的多平台定位。加装了新数据网络和传感器系统升级包的 EA-18G"咆哮者"电子战飞机于 2013 年 7 月中旬在马里兰州的帕图森河海军航空站进行了飞行演习。新的系统升级包使 EA-18G"咆哮者"电子战飞机机组人员能够更快、更准确地定位威胁,并通过 TTNT 这一安全的高速数据链网络实时共享目标数据。该系统升级包称为"远距离无源精确目标瞄准系统"。此前,E-2D"鹰眼"预警机中已经安装了一个类似的系统。

根据 F/A-18 和 EA-18G 项目办公室(PMA-265)以及波音公司的说法,EA-18G 展示了一系列网络化无源定位技术与能力,其组网所采用的数据链是 TTNT 数据链,多源数据融合与协同采用的是 NCCT 技术,定位采用的是 TDoA 技术。PMA-265 项目办公室希望将 TDoA 定位能力以及安全高速的 TTNT 数据链都加装到 EA-18G"咆哮者"电子战飞机上。

TDoA 定位是一种高精度无源定位技术,它利用多架 EA-18G 飞机同时从同一辐射源收集脉冲信号,然后,测量脉冲到达不同飞机的时间差,并计算出目标位置。与到达角(AOA)或长基线干涉测量

（LBI）技术相比，TDoA 方法可以提供更精确的定位效果。然而，EA-18G 机载数据链 link 16 无法提供 TDoA 定位所需的飞机之间需协调的数据吞吐量。因此，这两架测试飞机使用的是 TTNT 数据链系统，这是 EA-18G 飞机首次加装该数据链。TTNT 旨在提供高吞吐量、抗干扰能力、低延迟能力、快速入网能力、多普勒频移抑制组网能力、IP 组网能力，还可以接入更大范围的全球信息栅格（GIG，后来转型为国防部信息网）。简而言之，TTNT 能够提供支持 TDoA 定位技术所需的数据传输速率，而基于 TTNT 数据链的 TDoA 定位技术所能提供的定位精度远超此前 EA-18G 的定位精度。

2017 年，EA-18G 网络化精准定位能力逐步完善

2017 年 8 月，"网络化传感器 2017"（NS17）演习举行。该演习由美国舰队司令部和太平洋舰队司令部司令牵头组织，由海军作战开发司令部具体实施，是 2017 财年舰队试验计划的一部分。舰队实验的一系列军棋推演和海上试验旨在持续检验美国海军"维持海上优势"这一目标之下所需具备的能力。其中，"网络化传感器 2017"的主要目标包括：改进信息交换，以确保通信竞争环境中复杂作战行动的指控能力；提高战斗机在战场上快速发现、定位和跟踪目标的能力；允许决策者在更远的距离内识别海上目标；确保复杂海上环境下的目标瞄准与交战能力；提高战术作战感知能力。

参加此次试验的有 F/A-18 和 EA-18G 项目办公室、数个美国海军空中作战中心航空部岸基试验场、美国海军相关飞机和舰艇、美国空军 RC-135V/W "联合铆钉"电子战侦察机。此外，试验期间由第 12 航母战斗群（CSG-12）的舰队人员在原型战术显示器上提供作战反馈。

此次试验侧重于通过新的 TTNT 数据链打造网络化传感器，该数据链能够向在海上执行远程作战任务的舰船和海军空中作战中心航空部水面/航空互操作能力实验室提供信息。TTNT 可确保有人飞机、无

人机和地面部队之间高速共享大量数据。通用战术视图可在几个作战飞行程序软件上实现，以利用 TTNT 数据链和数字目标瞄准处理器来快速交换战斗机传感器信息。这样，飞行员就可以通过与其他飞机共享传感器航迹来查看整个战场，并开发一幅更完整的空中视图，提高整体态势感知能力。通用战术视图还可以提升目标瞄准能力，进而改善空对空威胁环境中的整体实时性和系统性能。

试验中，美国海军重点对包括 TTNT 数据链在内的传感器网络化数据链进行了试验。TTNT 在试验中的主要功能是实现了海、空传感器的组网，其中空中平台为 EA-18G 电子战飞机和 F/A-18 战斗机、海上平台为美国海军水面舰艇。借助 TTNT，这些陆、海、空平台均可获得统一的通用战术视图。试验还包括基于 TTNT 的目标瞄准能力提升方面的测试，在定位收敛时间、定位精度方面均有大幅提升，威胁目标主要假定为空中目标。

此次试验利用三架 EA-18G 电子战飞机的 ALQ-218（V）2 接收机实现网络化无源定位，成功实现了无源定位引导武器打击的能力。

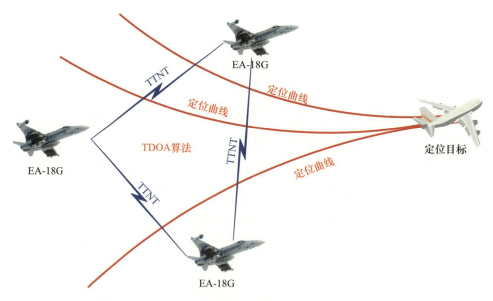

"网络化传感器 2017" 演习中的网络化无源定位示意图

此外，还有报道对 EA-18G 网络化无源定位能力进行了更为详细的描述，指出这种能力主要依赖三类核心装备。

（1）**TTNT**。负责在 EA-18G 之间共享数据。

（2）**网络化分布式目标瞄准处理器与海量存储单元**。负责对所有数据进行存储与处理，处理速度是升级前 EA-18G 的 10 倍，可大幅缩短从目标感知到目标打击的闭环时间，并通过其高级地理参考能力大幅提升目标瞄准精度。

（3）**AN/ALQ-218 战术干扰接收机系统**。负责信号接收、到达时差测量、算法运行。

EA-18G 还参加了 NCCT 演示项目。NCCT 是一个多军种联合开发的项目，它可利用 TTNT 的数据共享能力和多融合能力提高战场感知能力。该方案通过使用联合数据标准和接口加速传感器的交叉提示和目标定位过程，从而提高杀伤链的有效性。由于是首次将 NCCT 融合引擎部署在美国海军舰艇上，借助"融合前沿"技术，多传感器定位活动也首次得到了网络中所有传感器节点的支持。

2019 年，EA-18G 展示有人-无人网络化认知电子战能力

2019 年，波音公司宣布与美国海军一起完成了 EA-18G 无人飞行试验。此次试验是美国海军 2019 年度"舰队试验"的一部分，美国海军与波音公司采用三架 EA-18G 在帕图森河海军航空站进行了 EA-18G 的无人飞行演示。其中两架 EA-18G 作为无人驾驶的代理飞机，由其后的第三架有人驾驶的 EA-18G 进行控制。

参试的 EA-18G 飞机装备了人工推理和认知控制系统、网络化分布式目标瞄准处理器（DTP-N）综合处理器、TTNT 数据链。这三个系统使两架 EA-18G 作为无人驾驶的自主控制飞机，而第三架作为控制站，形成有人-无人编组。这三类系统的主要作用：ARC 控制系统包

括可以模仿人类大脑推理和认知能力的人工智能机器，主要充当网络化电子战系统的"大脑"，负责推理、辅助决策；DTP-N 是一种基于开放式体系架构、跨密级的目标瞄准处理器系统，负责态势感知、数据融合、定位算法运行；TTNT 是高吞吐量、低时延的数据链波形，负责高带宽数据传输。

更广义 EA–18G 网络化无源/有源一体定位能力开始展现

美国海军越来越多的空中平台陆续加装 TTNT 数据链，如 F/A-18"超级大黄蜂" Block Ⅲ 战斗机、E-2D"高级鹰眼"预警机等。美国国防部 2014 财年预算中的"E-2D 多功能信息分发系统/联合战术无线电系统 TTNT（E-2D MIDS/JTRS TTNT）"项目预算中指出，该项目旨在在 E-2D 预警机的多功能信息分发系统/联合战术无线电系统中集成 TTNT 波形，以使得 E-2D 具备海上综合火控–防空体系所要求的时敏目标瞄准能力。同时，预算文件指出，该项目的系统开发与设计计划于 2014 财年开始，飞行测试计划于 2016 财年开展，产品采购于 2018 财年开始。结合这些描述可以看出，2017 年举行的"网络化传感器"演习中的一系列试验应该也属于 E-2D MIDS/JTRS TTNT 项目飞行测试的一部分。

这样一来，不仅 EA-18G"咆哮者"电子战飞机之间可以实现网络化无源定位，不同类型空中平台之间也可以实现，进而实现更多样化的作战方式。借助这种跨平台、跨情报源、静默化的协同、融合、互操作能力，网络中的每个平台都可以访问同一个通用作战图，进而大幅提升平台的远距离（乃至敌方雷达探测距离外）空空火力打击能力。

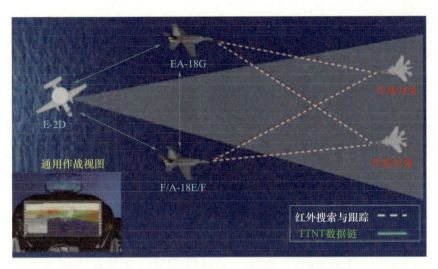

多类平台网络化多源融合与定位示意图

总结

传统上,火力打击(尤其是精确火力打击)的引导都是由雷达等有源设备实施的。未来,火力打击极有可能从当前"单纯以有源传感器实现精确引导"的作战方式转型为"有源、无源一体"乃至"以无源传感器为主"来实现精确引导。可见,网络化协同电子战所能带来的效益不仅仅在电磁频谱领域,还能够给包括火力打击等在内的其他领域带来颠覆,进而有望给整个作战模式带来颠覆。这也是网络化协同电子战领域的最大优势之一。

总之,网络化协同电子战有望催生出电磁静默战,电磁静默战有望颠覆传统作战模式。这种颠覆又会带来哪些不可预见性,颇值得深入探讨。

山海那边有一群蓝精灵："小精灵"

作战是一种集体对抗活动，如何将分散的个体凝聚成强大团体，其背后的核心和关键在于协同。电子战领域亦是如此，正经历从关注"组网"（连通性）到关注"聚力"（协同性）转型，而且，当前如火如荼的分布式人工智能这种新技术更是加快了这种转型。协同性阶段网络化电子战的最典型项目之一就是DARPA开发的"小精灵"无人集群网络化电子战项目。"小精灵"不再仅仅关注集群内无人机之间的通信能力，还重点关注无人机之间基于人工智能的协同能力。

"小精灵"项目的技术指标主要包括无人机性能指标和载机性能指标，具体指标分别如下表所列。

"小精灵"项目的技术指标

目标系统属性	基本指标	目标指标
"小精灵"无人机		
飞行半径	300 海里	500 海里
巡航时间	1 小时	3 小时
载荷重量	约合 27 千克	约合 54 千克
最大单程距离（非巡航）	视系统设计而定	
最高速度	马赫数 0.7	马赫数 > 0.8
最大发射高度	未定义	> 12000 米
载荷功率	800 瓦	1200 瓦

(续)

目标系统属性	基本指标	目标指标
载荷类型	包括射频、光电等载荷，其采用模块化设计，支持基地级更换	
设计生命周期	未定义	重复使用20次
成本（不含载荷）	7万美元	越低越好
系统级指标		
载机类型	B-52、B-1、C-130	类型尽可能多
发射数量	≥ 8架/载机	≥ 20架/大飞机
回收平台	C-130	
回收数量与时间	30分钟内回收4架以上，目标是总共回收8架以上	
成功回收率	规定时间内 ≥ 0.95	
载机因操作"小精灵"无人机而导致坠毁的概率	未定义	每个飞行小时内 $< 1 \times 10^{-7}$
回收到再次使用的周期	不超过24小时	
载机系统成本（不含指控）	1000万美元	< 200万美元

我们先看一段"小精灵"系统的作战想定。

2028年的某一天，美军一架C-130运输机从太平洋某空军基地起飞，飞向X国近期部署了最新型综合防空系统的某沿海基地。X国防空搜索雷达迅速发现该运输机，并对其进行持续跟踪。该沿海基地跟踪一段时间后发现，美军运输机在距离1000千米处返航，并且该方向此后再未发现大型威胁目标。

另一方面，C-130其实在1000千米处已经偷偷投下了20架"小精灵"无人机，但由于这些无人机相对于C-130而言尺寸很小，并且在C-130发射以后快速转入低空掠海飞行，因此，未被敌方防空雷达发现。这些无人机以马赫数0.8的速度快速接近目标，并沿途进行航迹标定。

接近目标时，这些小型无人机的飞行高度进一步降低，并快速建立通信网络，形成协同作战编队，根据作战规划、任务分工，对敌新型防空系统实施电子战作战与信号情报搜集任务。

在抵达目标区域后，搭载有射频传感器（主要是电子支援系统、信号情报系统）、光电/红外（EO/IR）传感器的各5架无人机开展分布式电子支援侦察、信号情报侦察、图像侦察，并借助宽带战术网络与机载信号处理器进行数据分发、处理、粗粒度融合。在1小时的时间内，有关敌方新型综合防空系统雷达传感器平时运行过程中的信号层面（包括敌方雷达与通信天线主副瓣增益、方向图等）、图像层面（包括敌方雷达与通信系统外形图片、部署位置等）的初步态势已经形成。

然而，由于敌方综合防空系统没有感知到威胁，因此，其雷达传感器、通信系统、战场网络等系统的战时模式并未暴露，导致很多与作战密切相关的情报、信息无法得到。考虑到还有10架原定任务为电子干扰与欺骗的无人机尚未启用，并且电量充足，因此，无人集群网络化协商后决定通过电子欺骗手段实施"诱探型态势感知"。此时，5架具备电磁欺骗能力的无人机通过分布式欺骗干扰方式实施欺骗干扰，导致敌防空系统忽然发现大批量来袭目标，并且可能包括隐身飞机与非隐身飞机两种类型。综合防空系统立即开启火控雷达，并通过战场通信网络或数据链向上级请示实施分布式雷达验证乃至战斗机紧急升空支援。此时，5架搭载有射频感知载荷的无人机开始对敌综合防空系统的火控雷达、搜索雷达战时工作模式实施侦察分析，并对敌通信数据链、通信网络的数据链路层及以上层协议进行分析、融合，形成赛博电磁一体态势。此外，实施诱探型态势感知的无人机中还有1架专用的赛博攻击型无人机，该无人机在敌方综合防空系统的通信网络注入预先编好的一段木马恶意代码，以便后续真正发生冲突时可以远程触发这

纪传篇

段代码并发起更为猛烈的、有针对性的、影响范围更大的战场网络赛博攻击。所有这些作战任务原计划在约 1 小时内完成。

然而，刚刚实施诱探型态势感知不到半小时，敌方通过分布式雷达验证、战斗机升空验证等手段发现了这一批正在实施抵近式作战的无人集群，并紧急通过通信干扰、定位导航与授时（PNT）干扰、防空火力拦截等手段实施信火一体反击。此时，在侦察到敌方干扰信号和雷达制导信号后，"小精灵"无人集群紧急启动归航程序。一直未启用的剩余 5 架搭载有压制式干扰机的无人机紧急发射压制式干扰信号，通过稀布阵分布式空间功率合成技术同时、动态、灵活地压制敌综合防空系统通信系统、导弹制导雷达、地面火控雷达、地面搜索雷达，以掩护无人集群归航。同时，由于受到了敌方的猛烈电磁干扰，无人集群一边尝试借助相互之间的近距离优势快速重建通信链路与通信网络，一边根据作战条例借助航迹标定点实现粗粒度导航。一直逃离到距离敌方通信干扰机、PNT 干扰机 100 千米以外，超出其有效范围时，才得以重新建立通信网络实现协同。此时，已有 6 架无人机被敌方防空导弹击落或因被敌方通信干扰机干扰/PNT 干扰机诱偏而坠毁，这 6 架无人机包括 3 架用于掩护归航的压制干扰无人机、1 架诱探用欺骗干扰无人机、2 架光电/红外侦察无人机。

剩余的 14 架无人机到达回收窗口时，通过专用链路通知 C-130 进入回收位置。C-130 进入回收位置后，花费了 50 分钟时间成功回收了 13 架无人机，并返回基地。1 架回收失败并坠海，由附近巡逻的水面部队回收。至此，任务结束。

上述作战想定中的"小精灵"电子战无人机群项目于 2015 年 9 月 16 日开始开发，美国 DARPA 发布的项目征集书指出，项目旨在开发一种小型、网络化、集群作战的电子战无人机群。该无人机群可用

C-130 运输机等大型空中平台从防区外投送，可通过网络化协同对敌防空系统的各类雷达、通信系统、网络系统实施抵近式电子战侦察、信号情报侦察、电子攻击、赛博攻击，最终实现削弱敌态势感知、切断敌通信链路、瘫痪敌通信网络等作战目标。

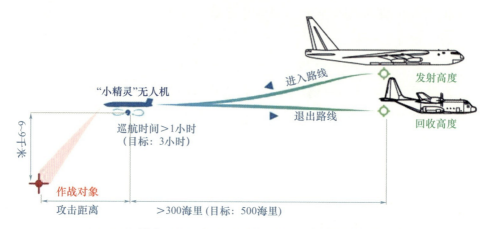

C-130 运输机从空中释放及回收"小精灵"无人机

"小精灵"项目尽管不是美军第一个网络化电子战项目，但却是将网络化和电子战两大要素发挥到极致的项目。首先是在网络化方面，美国 DARPA 要求这些小型无人机可在快速发射后即时组网。在电子战方面，"小精灵"将具备对敌防空压制、通信干扰、抵近式侦察乃至恶意代码投送等多方面能力。借助强大的抵近式、分布式、智能化网络协同作战能力，"小精灵"可以做到其他传统电子战系统无法做到的事情。

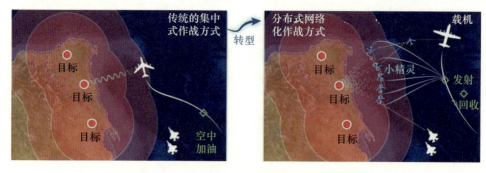

"小精灵"对目标发起网络化协同攻击

纪传篇

走着走着花就开了：
美国空军"舒特"项目

从美军众多电子战项目来看，没有任何一个项目能够像美国空军的"舒特"项目那样仅是理念就引起如此多的争议，仅仅是能力就笼罩着如此多的迷雾，仅是一个名字就吸引着如此多的关注，甚至差一点引发关于"赛博空间与电磁频谱、赛博空间作战与电子战是分是合"的战略层面的争论。导致的结果就是，对"舒特"项目的研究过程，像极了正常人变成精神分裂症病人的过程。最终，整天思索的都是一些"哲学问题"——"舒特"是谁？"舒特"从哪来？"舒特"往哪去？

之所以出现上面这种情况，与"舒特"项目发展、演进过程中概念、能力的不断变化有着密切联系。"舒特"项目的发展，可以从两方面来解读：从网络化角度来看，"舒特"项目的发展其实非常具有连续性，只是随着技术的不断发展，它跨越了连通性阶段、协同性阶段、体系智能阶段三个阶段；从能力角度来看，"舒特"项目从最初单纯的"通信侦察与干扰"能力逐步演变为了"赛博电磁一体化侦察与攻击"能力、"基于人工智能和大数据分析的综合信息反制"能力，这也是该项目给人以明显"分裂感"的最主要原因——如果离散地研究"舒特"项目的各个阶段，就会发现不同阶段其能力表述存在非常大的差异。

"舒特"项目是美国空军为弥补对敌防空压制能力的不足而提出

的。该项目是由专门负责绝密系统开发的"大狩猎场"管理的一个专用接入项目。"大狩猎场"所开发的绝密项目都冠以"高级"称号，"舒特"项目也不例外，其全称是"高级舒特"项目，平时一般简称为"舒特"（PS）项目。

最初只是想建个链

早在"网络中心战"理念出现之前的 20 世纪 90 年代，"舒特"项目就已经存在了，当时的名称是**"罗盘呼叫机载信息传输系统 / 通用数据链"**（ABIT）项目。从上述描述可以看出，"舒特"项目的出发点非常朴素且低调：为 EC-130H "罗盘呼叫"电子战飞机加载一个数据链。

1. ABIT 是一个机载通用数据链

那么，作为"舒特"项目前身的 ABIT 数据链系统究竟是什么样的数据链呢？

该数据链的开发合同于 1995 年签订，当时的定位是"下一代通用数据链"，提供扩展的宽带数据链路中继，将图像和其他情报信息从采集平台传输到地面站和 / 或战区任何地方的其他机载平台。它提供安全、带宽可选、双向空空及空地链路，具有低检测概率 / 低截获概率特点。ABIT 为实时操作提供改进的超视距能力和及时性，而无须增加已经大量使用的卫星通信系统的压力。

ABIT 系统是为 U-2、RC-135V/W "联合铆钉"和"全球鹰"无人机平台开发的，其主承包商是 L3 通信公司，可以提供高达 548Mb/s 的空空数据传输速率。ABIT 数据链路包括两种类型：收集器单元和中继器单元。收集器单元能够将 ABIT 波形发射到中继平台，或将传统的通用数据链波形发射到视距内的地面站。中继单元具备收集器单元的固有能力，并且能够接收来自另一个收集器单元和 / 或另一个中继器单元的宽带 ABIT 信号。

ABIT 的中继器单元/收集器单元在多种类型的飞机上进行了大量验证、测试。

ABIT 终端的测试与验证情况

时间	测试与验证情况
1998 年 12 月	在 U-2/RC-135V/W 上进行飞行测试
2000 年 3 月	在 RC-135V/W 上进行工厂验收测试
2000 年 8 月	参加 2000 联合远征军演习，即"舒特 1"演示
2001 年	在 F-16 上进行飞行演示
2002 年 11 月	完成 ABIT P3I 通用模块

2. 2000 年"舒特 1"演示的核心也是数据链

此外，2000 年举行的联合远征军演习（JEFX）中对于"舒特 1"进行试验的内容也从侧面佐证了**"'舒特'项目的初衷就是打造一个数据链"**这一点。

在 2000 年的试验中，"舒特"项目展示了 EC-130H "罗盘呼叫"电子战飞机与 RC-135V/W "联合铆钉"信号情报飞机之间的协同工作能力，二者协同工作提供了比以往更好的信息攻击能力。试验中所用传输数据链为机载信息传输系统。这种协同工作能力离不开 EC-130H "罗盘呼叫"飞机的通信接口以及 RC-135V/W "联合铆钉"飞机的"不可饶恕"系统。2001 年，"舒特"项目取得长足进展，开发商利用 1200 万美元应急资金开始了信息战系统与情报系统的集成、连接，以便支持阿富汗战争。为了使上述两种飞机更加紧密地合作，军方在组织方面进行了一些改变：将配备有 EC-130H "罗盘呼叫"的第 41 和第 43 电子战中队并入拥有 RC-135V/W "联合铆钉"的第 55 联队，但 EC-130H "罗盘呼叫"的基地仍是位于亚利桑那州的戴维斯–蒙山空军基地。

由于 2000 年的试验取得很大成功，美国空军对"舒特"项目更加青睐，于是又为该项目提供了约 3100 万美元资金（2002 财年 1900 万美元，2003 财年 1200 万美元）。这部分资金用于为 EC-130H "罗盘呼叫"飞机采购 4 套嵌入式工具箱并为 RC-135V/W "联合铆钉"采购"不可饶恕"通信系统。

3. 2001 年《网络中心战》报告中对于"舒特"项目的定位也是"作战网络项目"

2001 年 7 月 27 日，美国国防部向美国国会递交一份具备里程碑意义的研究报告《网络中心战》，在报告附录 E 中对于美国空军的"舒特"项目进行了如下描述。

"舒特"项目是空军迈向从传感器到射手的无缝一体化作战网络的项目之一。"舒特"项目旨在将情报、监视和侦察（RC-135V/W "联合铆钉"飞机）与进攻性反信息作战（EC-130H "罗盘呼叫"飞机）和进攻性防空作战（F-16CJ 飞机）进行横向一体化。这将为作战总司令提供一个可以实现时敏目标瞄准的已验证的作战体系结构。"罗盘呼叫"飞机和"联合铆钉"飞机的一体化可以通过先进战斗空间信息系统来完成，先进战斗空间信息系统是一个与通用数据链兼容的广播网络，F-16 飞机通过已改进的数据调制解调器接入该网络。

实现情报、监视和侦察与进攻性信息作战的一体化具有两个主要优点：一是可实现协同地理位置定位；二是可实现间断观察干扰。前者是指每个平台针对截获信号测定的各条方位线可以被载入一个通用数据库，以获取地理位置、定位精度和定时时间。该定位精度和定时时间大大优于任何一个平台单独获得的定位精度和定时时间。间断观察干扰是指"罗盘呼叫"飞

机可以"借用""联合铆钉"飞机的接收机,通过先进战斗空间信息系统来克服"罗盘呼叫"干扰的影响。这些新的能力利用几个平台上获得的情报来大大增强整个网络化体系结构的作战能力。"舒特"项目最终将对空中局域网系统产生重大影响,该系统连接所有平台和指挥控制机构,包括航空作战中心、机载告警与控制系统、"联合星"和改进型平台(如多传感器指挥控制飞机)。

总之,从"舒特"项目的初期发展看,**其目标就是打造一个能够让美国空军空中电子攻击、情报侦察、火力打击等平台实现一体化协同的宽带通用数据链**。那么,是什么样的契机让它快速发展为一个"概念上无限接近体系博弈,能力上逐步实现赛博电磁一体攻击"的项目呢?这个契机就是2003年的伊拉克战争。

不曾想"反恐"带来转型契机

"9·11"恐怖袭击事件发生后,时任美国总统布什向恐怖主义宣战,并将伊拉克等多个国家列入"邪恶轴心国"。2003年3月20日,美国以伊拉克藏有大规模杀伤性武器并暗中支持恐怖分子为由,绕开联合国安理会,单方面对伊拉克实施军事打击。这就是伊拉克战争(代号"伊拉克自由行动",OIF)。

伊拉克战争行动是"舒特"项目"华丽转身"的最主要契机。这是因为,尽管"9·11"恐怖袭击事件后美军将注意力转向反恐并开展了阿富汗战争(代号"持久自由行动",OEF),但作战过程中基本上没有碰上像样的电子信息系统(尤其是现代化防空系统),因此,"舒特"项目几乎未受影响并一直沿着"机载数据链"之路缓慢推进;然而,随着伊拉克战争的推进,伊拉克相对阿富汗强大得多的电子信息系统(尤其是一体化防空系统)让美军意识到,必须有一种具备强大信息对抗能力的系统来应对。尤其是美国对于伊拉克本身就有些忌惮，因为在此前针对伊拉克的"沙漠风暴行动"中美军吸取了一个非常重要的教训：必须把 EC-130H "罗盘呼叫"飞机的电子战能力与美国空军 RC-135V/W "联合铆钉"的信号情报能力结合起来。

于是，刚刚完成演示验证与验收的"舒特"系统迎来了大展拳脚的契机。2003 年 3 月 20 日，有伊拉克官员称，美国军队拟接管伊拉克电台和电视台的广播，将美国的信息传递给伊拉克军队和伊拉克人民，EC-130H "罗盘呼叫"飞机已经在向伊拉克发送广播，而且搭载有"舒特"项目系统的 EC-130H "罗盘呼叫"飞机和 RC-135V/W "联合铆钉"飞机负责压制伊拉克的信号。这也佐证了上述结论。

此后，在美军反恐、局部冲突战场上，"舒特"项目的运用就一发不可收拾：除了伊拉克以外，阿富汗、利比亚、叙利亚都曾有过相关报道。

2004 年的"联合远征军"演习中，"舒特 3"专门演示了针对反恐的能力。"舒特 3"项目其实是 EC-130H "罗盘呼叫"飞机 Block 35 升级项目的一部分。2004 年 JEFX 演习的"舒特 3"配置如下图所示。在此次演习中相关平台的主要功能如下：网络中心环境主要通过 NCCT 网络构建；多平台数据融合、精确定位等能力也是通过 NCCT 专用算法实现，在 NCCT 的支撑下，主要通过 RC-135V/W "联合铆钉"侦察机、"高级侦查员"侦察机的组网实现网络化、高精度、细粒度、可融合的战场实时网络/电子侦察；系统功能主要由 EC-130H "罗盘呼叫"电子战飞机、EA-6B "徘徊者"电子战飞机、F-16 "战隼"战斗机等来实现，具体的系统功能包括电子攻击、战场网络攻击、火力打击（这三种功能互为备份，而非互斥）。

2006 年，为了更好地支持反恐战争，美国空军接收了第一架 EC-130H "罗盘呼叫" Block 35 飞机。升级后的系统具备了对流动和固定地点的暴恐分子、地空导弹连所用的计算机屏幕和无线手持终端发起

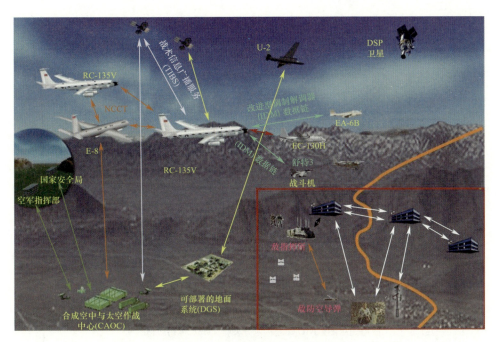

2004 年 JEFX 演习的"舒特 3"

黑客攻击和欺骗的能力。Block 35 升级项目耗资 1.85 亿美元，旨在构建在人－机接口，以便 EC-130H "罗盘呼叫"飞机机组人员能够执行"舒特"项目的任务。"舒特"项目开发的系统能够在应对恐怖组织及其辅助信息网络快速取得优势。

在 2008 年的联合远征军演习（JEFX-08）中，"舒特 5"进行了演示。该项目利用 NCCT 构建的网络中心环境来提供战术信息战场的联合体系架构，进而实现动能打击、非动能打击（含电子攻击、战场网络攻击等）等手段的一体化集成。"舒特 5"在战术级上提供了一种清晰、连贯、及时的信息战场视图。其核心是通过组网、数据融合实现对作战对象（主要是敌方的一体化指挥控制与通信网络）的侦察分析与攻击。

甚至后来在打击"伊斯兰国"（ISIS）组织的过程中，"舒特"项目仍然是信息作战方面的主力军。2017 年，有一篇报道专门对这种情况进行了描述。

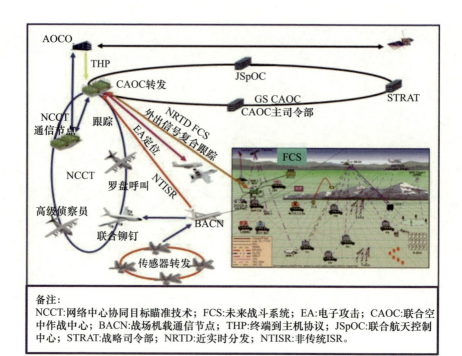

JEFX 08-3 中"舒特 5"演习情况

"舒特"项目为多个国家级、战术级平台提供了横向集成能力,如 RC-135V/W "联合铆钉"和 EC-130H "罗盘呼叫"飞机。利用 EC-130H "罗盘呼叫"飞机共享 RC-135V/W "联合铆钉"飞机联合体以及 RC-135V/W "联合铆钉"机群收集的信号情报信息并实施干扰,可以比仅仅基于 RC-135V/W "联合铆钉"实时拦截的信号实施干扰更加有效。此后不久,"舒特"项目得到了全额资助,以维持 RC-135V/W "联合铆钉"和 EC-130H "罗盘呼叫"飞机之间的这种新型联系。

在伊拉克和叙利亚与"伊斯兰国"作战的有 4 架 EC-130H "罗盘呼叫"飞机,其被专门部署到该区域进行电子战行动。(要知道)美军目前总共只有 12 架 EC-130H "罗盘呼叫"飞机,而且其中 2 架还正在进行大改。这个比例应该能够让你

明白这些飞机及其机组人员的价值有多高。

EC-130H"罗盘呼叫"飞机每天从科威特艾哈迈德·贾布尔空军基地起飞,发现敌军并对其实施拒绝服务攻击。为了做到这一点,需要语言学家全身心投入。

美军电子战高层表示,"(语言学家)的武器是语言。他们帮助我们有效地发现、确定优先次序和瞄准('伊斯兰国')。他们把从战略(级别)到战术级的目标信号进行优先级划分,并帮助电子战军官做出干扰决策,以便实现地面部队指挥官期望的效果。"

然而,反恐战争带来的转型契机随着2021年美军撤出阿富汗戛然而止,这给"舒特"项目带来了很大的变数。此外,EC-130H"罗盘呼叫"飞机由于机体老化也正在经历大规模退役潮,其载荷将移植到新的载机"湾流G550"上,新的飞机编号EC-37B(代号仍为"罗盘呼叫")。

在美军信息作战领域独领风骚20年的"舒特"项目是否就此沉寂乃至淡出历史舞台呢?

非也,非也。

历史从来不缺乏契机。这次的契机是"大国竞争"时代的到来以及人工智能的快速崛起。

战略转型与技术发展驱动再次转型

考虑到"舒特"项目极高的密级,此次转型相关内容极少见诸报端。2020年10月法国战略研究基金会发布的一份有关对敌防空压制的报告中,只言片语谈及了"舒特"项目再次转型的信息。报告对"舒特"项目的近期发展阐述如下。

正如美国空军参谋长 Jumper 将军所承认的那样，进攻信息战武器也成为盟军对敌防空压制武器之一，目标可能是通过入侵敌方综合防空系统的指控与通信网络来实施欺骗。从承认使用进攻性信息战武器开始，在美国参谋长联席会议层面，"情报部门旨在保护传感器的方法"与"行动部门实施赛博武器攻击的方法"之间就持续存在争议。进攻性信息战在 21 世纪初得到体现，尤其是借助 NCCT 网络实现联合运用的"舒特"项目。在这方面，美国最近为报复其 RQ-4 无人机被击落而对伊朗实施的计算机攻击有可能就是"舒特"项目应用实例之一。

"舒特"项目由美国空军在 JEFX 2000 试验中进行了试验。按照官方说法，这是一个在联合空中作战中心（CAOC）应用的软件。其当前版本"舒特 5"已更名为**"赛博空间目标智能建模与预测分析"**，作为一种工具，用于分析对手指控通信计算机与情报（C^4I）系统的赛博空间目标，同步或"横向集成"由 EC-130H "罗盘呼叫"飞机、RC-135V/W "联合铆钉"飞机、F-16CJ "野鼬鼠"飞机所执行的动能、非动能（在此指的是赛博空间作战）、情报监视与侦察行动，最终实现作战监测能力的共享。然而，一些专业记者解释说，由 BAE 系统公司开发的"舒特"系统也将直接用于通过 EC-130H "罗盘呼叫"飞机进行电子入侵。据报道，以色列于 2007 年针对叙利亚开展的"果园"行动中也使用了"舒特"系统。尽管以色列的这次行动究竟如何实施仍存在争议，但专家一致认为，"舒特"系统具备分析、监控、攻击敌方 C^4I 数据以影响其空中态势感知乃至综合防空系统指控的能力。

从上述描述可以看出，"舒特"项目至少已经借助两方面"大势"再次实现华丽转身：其一，战略层面，美国向大国竞争战略转型；其

二，技术层面，人工智能与大数据技术应用的崛起。

首先，从功能描述来看，"舒特"项目的作战对象已经从恐怖分子、恐怖组织转型为国家行为体，尤其是拥有完备的综合防空系统的大国竞争对手，这也与美国整体的亚太战略、大国竞争战略相一致。其次，从"舒特"项目的新名字"赛博空间目标智能建模与预测分析"来看，"智能""预测分析"等关键词充分体现出该项目与人工智能、大数据分析等技术领域的密切关系。

总之，"舒特"项目在时代大势的加持下，再次焕发新生。至此，该项目已经从最初"只想打造个数据链"的连通性阶段，跨越了协同性阶段，甚至可能已经进入了体系智能阶段，成为美军唯一跨越网络化电子战系统发展三个阶段的项目。

"舒特"是什么

说了这么多，那么，"舒特"项目究竟是什么呢？

1. 功能与实现两个解读维度

"舒特"项目可以从两个维度进行解读。

从效能角度，可将其视作一个"电磁－赛博－火力一体化"攻击项目，即，将"舒特"定位为一个"战场无线网络攻击项目"，主要侧重基于通信、雷达等天线的无线注入对敌方一体化防空系统实施电磁攻击、赛博攻击、火力打击，以达到瘫痪敌方一体化防空系统的作战目标。

从实现方式角度，可将其视作一个"网络中心化"（网络化协同）项目。在武器装备方面，"舒特"项目通过改造在役装备和研发新的关键装备，完成两个综合集成：一是通过对全球信息系统与战场信息系统的综合集成，形成了战场网络化信息系统体系；二是在此基础上，实现对参战的各类武器装备、作战平台和支援保障要素的综合集成。

在体系构成方面,"舒特"项目倾向于实现情报侦察一体化、信息传输网络化、作战力量配套化、指挥控制扁平化、作战编组立体化、作战行动协调化、作战保障整体化(全球化)。在作战功能方面,"舒特"项目基本实现电子战、网络战、进攻性反太空技术与动能打击、情报监视与侦察作战的一体化运用。在组织指挥方面,"舒特"项目通过对现有业务部门和系统、有关军兵种和军地职能机构的统一组织与协调,再造一体化信息流程,重塑体系作战行动,实现了战场的一体化指挥与控制。

总之,"舒特"项目是美军网络中心战理念在美国空军中的完美体现,即通过以 NCCT 网络构建的网络中心环境,实现了 EC-130H "罗盘呼叫"、RC-135V/W "联合铆钉"、"高级侦查员"、F-16CJ "野鼬鼠"、前沿部署无人机等的有机组网与融合,进而实现了战场电子侦察与攻击、战场无线网络侦察与攻击、硬杀伤引导与打击等功能的有机结合,最终实现克敌制胜的目标。这种理念体现出了"舒特"的如下几大特点:网络中心化,组网、融合、集成等才是"舒特"项目本质的实现手段;功能一体化,包括网络中心环境、多平台情报融合算法、系统功能三大类功能模块;运作自主化,"舒特"项目是一个基于精确目标建模、精确辐射源定位的"点穴式""精确制导式"的自主化战场电子、网络侦察与攻击项目。

2. 实现维度:"三网一体"构建网络中心环境

综合分析"舒特"项目可知,实现各类功能的前提、核心是其网络中心环境,而该网络中心环境的构建则是通过一种"三网一体"方式来实现的。

所谓"三网一体",指的是如下三个相互依赖、相互连通的网络。

(1) NCCT 网络。简而言之,NCCT 网络可视作"链、接口、算法一体化网络"。通过宽带数据链(数据速率高达 274 Mb/s 的多平台通用数据链)实现 EC-130H、RC-135V/W、F-16、"高级侦查员"等平台

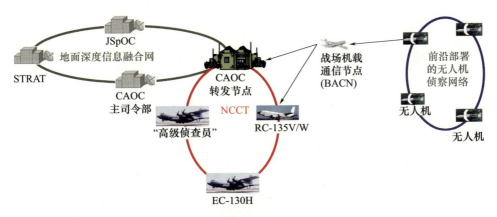

"舒特"项目"三网一体"的网络中心环境

的互联互通,此为该网络的连通性基础。通过专门开发的数据融合与精确定位算法实现情报融合、精确辐射源定位等核心功能,此为该网络的功能性基础。通过机器到机器(M2M)接口实现多平台自适应互操作与数据共享,此为该网络的自主性基础。

小贴士:NCCT 原理及其在"舒特"项目中的应用

NCCT 可以引导并综合来自不同的单独机载平台(即"星座")上装载的传感器的信息,"星座"中的平台在特定区域内搜集数据。每个平台用以中继传感器数据的语言都转换为通用 IP 消息组,以便这些数据可以在星座内所有网络控制器之间传递。通过使用通用算法并建立一个通用数据库,就可以存储来自某一平台的数据并提示其他平台,以便其他平台可以关注同一个时间敏感目标。这样,检测、探测、识别、定位、跟踪、打击时敏目标辐射源的概率就会成指数增加。

简单来说,NCCT 通过传感器组网实现数据相关、融合,进而生成并报告单个平台所无法获得的新的信息。图中流程简述如下:NCCT 网络中的传感器平台之间利用机器到机器接口自动交换数据(图中标黄的数据);这些数据通过交叉提示的方式对其他传感器平台进行"提示",以便对该数据进行重点、聚焦式收集;

NCCT 网络的融合引擎对数据进行相关操作，产生新信息并进行报告。

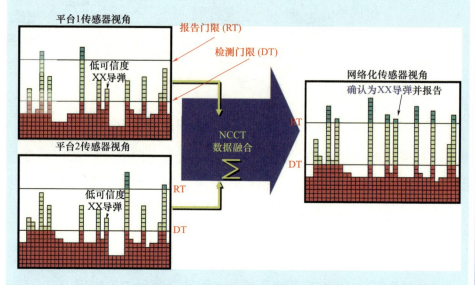

NCCT 的数据融合原理示意图

"舒特3"以及后续的相关项目中所说的"攻击时敏目标"的能力主要就依赖 NCCT 实现。使用组网定位这种方式后，探测、识别、定位、跟踪、消灭时敏目标的概率将会呈网络中平台数目的指数增加，足见 NCCT 在实现"舒特3"及其后续对"时敏目标"攻击中的重要性。

（2）前沿部署的无人机侦察网络。该网络的主要功能包括抵近式组网侦察、简单数据融合，目的是弥补 RC-135V/W 粗粒度侦察的不足。具体来说，主要包括：对敌方信号实施抵近式、高精度、细粒度侦察，兼之以成像侦察等非电子侦察手段；对侦察结果进行粗融合。融合后的侦察结果通过中继节点（战场机载通信节点）分发给地面深度信息融合网节点和 NCCT 网络中的 RC-135V/W 侦察机，以便进行后续的深度融合。

（3）**地面深度信息融合网**。该网络的主要功能是实现网络化深度信息融合与分析。该网络的主要功能是深度分析那些无法进行实时分析或需要进行深度融合的侦察结果。例如，若敌方采用了一种新的调制样式或加密算法，并且通过 RC-135V/W 等侦察平台无法进行实时分析或融合，则可分发到该网络，借助强大的地基分析平台、系统、算法、技术进行深度分析。

3. 功能维度："三效一体"确保作战效能

从"舒特"项目所能实现的作战效能来看，可概括为"电磁赛博火力一体化"侦察与攻击能力，其中侦察功能主要通过"平战结合"的侦察方式实现，攻击功能则通过"软硬兼施"的方式实现。

（1）**"平战结合"的侦察能力**。"舒特"项目的侦察能力可概括为"以雄厚的平时侦察能力为基础，结合精确的战时侦察，实现可支撑攻击决策的情报"。**平时侦察积累情报**。"舒特"项目的平时侦察情报来源具备非常鲜明的多样化特征，既包括来自 RC-135V/W 平时按照既定路线、既定规划侦察得到的情报，也包括其他机构乃至其他军种的平时侦察情报。因此，"舒特"项目各种功能得以实施的关键、基础并非强大的战时侦察能力，而是丰厚的平时侦察情报。**战时侦察找点打穴**。在强大的平时侦察情报积累的基础上，"舒特"项目战时侦察能力的实现其实相对要简单一些，主要起到"找点打穴"的作用，即在当前积累的平时情报的基础上，查找敌方系统或网络中的可用入口（即找点，可能有多个入口），并引导后续针对该入口的精确打击（即打穴）。

（2）**"软硬兼施"的"电磁赛博火力一体化"攻击能力**。"舒特"项目的攻击功能主要包括硬杀伤（F-16 等战斗机的火力打击）和软杀伤（电子与网络攻击）两类。需要说明的是，"舒特"项目中软杀伤、硬杀伤等手段是互为备份而非互斥的，这种互为备份的方式旨在确保最终的作战效能。例如，若网络攻击不奏效（考虑到网络攻防的高动

态特性，不奏效的可能性很大），则可考虑采用电磁压制这种电子攻击手段；若电子攻击手段仍无法奏效，则可考虑直接实施火力打击。

走着走着花就开了

可见，"舒特"项目发展到今天，既是偶然，也是必然。偶然是其所遇契机，必然则是其把握契机的能力。

偶然与必然之间的纽带就是"遇到契机，把握住契机"。

就如同我们走路，最初我们走出第一步的时候，都不知道后面的路是远是近、是曲是直、是歧是正、是平是坎，只是我们一直走、一直走，走过杨柳依依、走过雨雪霏霏。走着走着，花就开了。

纪传篇

体系级全息欺骗：
美国海军"复仇女神"项目

近年来，以深度学习为代表的人工智能取得了飞速发展，给军事电子信息领域内的应用带来了跨代能力提升的机遇。军事电子信息领域正加快脚步进行智能化改造，相关技术发展也以人工智能为契机突破了大量的瓶颈问题，取得了显著的性能和效能提升。然而，当前人工智能在不同层级、不同领域的应用所带来的能力提升以及对信息化时代战争的影响也不尽相同。从应用层级来看，当前人工智能的主要应用仍停留在相对比较低的层级，即系统级（实现系统的单体智能或智能化系统）和网络级（实现网络化系统的群体智能或智能化网络）。这两个层级上人工智能的应用已经在单体、群体能力提升方面取得了一系列显著成就。然而，有关人工智能如何参与体系建设与发展的研究仍然远远不够，这大幅限制了"系统之系统的体系智能"能力的形成。对于人工智能时代的战争而言，"智能化体系博弈"才是终极状态，以人工智能为武器来获取并保持"体系优势"才是终极目标。

具体到电子战领域，体系智能可视作目前可预见的、后网络化智能的新阶段，因为在这一阶段，电子战才真正意义上实现从传感器攻防、链路攻防、网络攻防向体系攻防转型，即更注重决策攻防、算法攻防。也就是说，攻防的对象从网络中心战环境（即网络中心战理念下的感知网、火力网、信息网）向网信体系、决策中心战环境(即杀伤网)转型。所有这些转型,都体现出了人工智能的深刻影响。

体系智能阶段网络化电子战最典型项目之一是美国海军的"对抗综合传感器的多元素信号特征网络化模拟"(NEMESIS,"复仇女神")项目。需要注意的是,美军对"复仇女神"项目高度保密,并且当前人工智能技术在体系攻防方面所能带来的增益尚不是特别清晰、完备,所以在此关于"复仇女神"项目的大部分描述实际上是基于有限信息推测的、符合体系智能阶段特征的理想化"复仇女神",即"复仇女神"项目所体现出的这一种体系智能阶段网络化电子战作战模式。根据相关描述,"复仇女神"的作战想定如下。

2035年,美国和X国局势紧张。某天,美军一个航母战斗群从太平洋某海军基地出发,驶向X国,拟攻击其沿海基地。X国雷达成像侦察、光学成像侦察、信号情报侦察等卫星通过多源情报融合等手段提前发现了该航母战斗群并对其进行了跟踪,相关信息传递给了地面指挥中心。为更清晰地了解该航母战斗群的动向,X国随即调动地面、沿海、空中对海搜索雷达对该航母战斗群进行搜索。很快,X国搜索雷达发现了该航母战斗群,并对其进行持续跟踪监视。

实际上,X国看到的航母战斗群是美军在该处部署的一套"复仇女神"网络化协同电子战系统群,包括侦察类系统、诱饵类系统、干扰类系统等。诱饵类系统搭载平台涵盖了空中、水面、水下等三类,包括空中电子战无人机群、水面电子战无人艇群、水下电子战无人潜航器群。侦察类系统搭载平台为一系列电子战无人机,这些无人机搭载有射频传感器(主要是电子支援系统、信号情报系统)、光电/红外(EO/IR)传感器等。其中,诱饵类系统平台可以通过集群方式沿着航母战斗群原来方向驶向X国沿海,侦察类系统平台则与诱饵类系统平

台拉开特定距离、角度（打造大基线），以便在实施对敌协同态势感知的同时，对己方体系攻防效能进行实时评估。与此同时，航母战斗群采取辐射控制措施进行隐蔽。

上述两类系统平台中，诱饵类系统平台快速互相分散并建立通信网络，形成协同作战编队，根据作战规划、任务分工对敌侦察探测体系形成体系化欺骗（通信、雷达、光电、红外乃至可见光、声学"全息"欺骗）。其中空中无人机群重点模拟航母战斗机的舰载飞机编队的"全息"信号特征，可精准模拟预警机、战斗机、电子战飞机等的信号；水面无人艇重点模拟包括航空母舰、驱逐舰等在内的水面编队的"全息"信号特征；水下无人潜航器重点模拟潜艇等的"全息"信号特征。上述各类平台在分布式人工智能引擎的调度、指控下，互相补充，协同欺骗。模拟类型包括雷达特征、红外特性、信号情报特征乃至可见光学特征等。总之，这些欺骗手段的欺骗可覆盖X国所有侦察探测方法，并且欺骗类系统平台之间还可以营造出有针对性的欺骗图像（例如，营造出一个航母战斗群继续向目标前进的假象，而且可以逼真营造出该航母战斗群整个行进过程中所能采取的所有行为）。简而言之，可以直接欺骗敌方所能获得的电子战斗序列，并最终欺骗敌方获得的通用作战视图。

此外，侦察类系统平台已经提前在靠近X国沿海基地的另一个方向组网编队完毕，由于无人机蜂群尺寸小且低空掠海飞行，因此并没有被X国防空雷达发现。抵近作战对象后，侦察类系统平台首先对该沿海基地各类武器平台进行信号和图像层面的侦察。同时，侦察类系统平台的实时信息还不断地反馈给人工智能引擎，以便其实时动态调整欺骗策略。

在遭受"复仇女神"欺骗的情况下，从X国角度看会是一片完全不同的场景。X国提前知晓美国航母战斗群向沿海基地驶来,调动地面、沿海、空中对海搜索雷达对该航母战斗群进行搜索,观察到其径直向己方沿海驶来,并在中间采取了一段时间的电磁静默之后,直接进入了防空识别区。为防止敌人采取了欺骗手段,X国调用了更多的平台,使用更多的方式对其实施持续侦察探测,并进行分布式、多手段、多方向交叉提示、验证,结果均表明该航母战斗群正向沿海驶来,符合其雷达、红外、声呐、电磁、信号情报乃至可见光等特性。X国立即开启火控雷达,并通过战场通信网络或数据链向上级请示,战斗机紧急升空支援,沿海基地进入战时模式。待观察到美军航母舰载战斗机起飞并靠近后,X国决定进行电子攻击和火力打击。

X国首先对航母舰队和飞机进行电子干扰,以干扰其通信指控和传感器效能,结果发现干扰效果不明显(这是由于其所干扰的作战对象不是真正的"平台"编队,而只是美军伪造出来的"信号"编队、"幽灵编队")。电子攻击后,X国开始准备对美军航母战斗群进行火力打击,并发射了一个搭载多种传感器的无人机群来进行抵近侦察与火力引导,这些无人机中有些加装有先进的图像传感器和数据链。然而,当真正飞行到美军航母战斗群视距范围内时,通过图像侦察才发现,所谓的"航母战斗群"不过是一系列诱饵平台,并不存在真正的航母战斗群。

在感知到己方的欺骗被X国识破以后,"复仇女神"系列平台启动自动归航程序,快速撤离。撤离过程中,有些平台因撤离太慢被X国高功率微波武器击落,坠落过程中有些启动了自毁程序,提前自毁;有些没来得及启动自毁程序,被X国俘获。

尽管有一定损失,但在整个任务实施过程中,收益远远大于付出:侦察类系统平台对X国各类平台和装备的战时模式进行侦察和分析，拍摄了X国紧急战备、发射导弹进行打击的画面，并通过数据链将这些信息传回后方的真实航空母舰。

至此，美军完成了整个作战流程，最终获取了X国大量平台装备平时和战时的特性，尤其是战时模式下的电磁频谱特征，这在短期内对X国产生了一定的威慑作用，使其在面对美军航母战斗群时陷入感知不自信、决策不自信、行动不自信的困境，最终取得了体系破击效果。

可见，由于需要营造出一个"幽灵战队"，这种"复仇女神"式的作战方式更多还是适用于对抗激烈的情况下，否则，可能产生难以预料的后果，从而和上文所呈现的作战想定有很大差别。所以，忽略想定中的合理度问题，我们仅考虑想定中呈现的网络化协同电子战作战模式，即"复仇女神"所体现的作战模式。

"复仇女神"项目首次出现是在美国海军2014财年预算文件中。文件指出，"复仇女神"能满足同时对多个敌方监视与目标瞄准传感器生成逼真海军力量的需求。"复仇女神"项目的目的在于将各种平台进行组合，通过组网协同作战，以迷惑、欺骗或致盲分布在广阔区域的敌方传感器。

截至目前，"复仇女神"系统的确切构成尚无详情披露，关于其组成和能力的细节仍处于保密状态，仅从涉及"复仇女神"的官方文件的只言片语可以获悉："复仇女神"包括模块化可重构电子战载荷、分布式诱饵和干扰机蜂群、有效声学对抗措施，多输入/多输出传感器/对抗措施系统，可对敌水面和水下传感器生成虚假兵力目标，进而实现跨作战域的平台保护。具体来说，"复仇女神"包含空中、水面、水下三类作战平台，如空中电子战无人机群/诱饵类系统平台/气球群、水面电子战无人艇群/诱饵类系统平台、水下电子战无人潜航器群/诱饵类系统平台。"复仇女神"作战场景如下图所示。

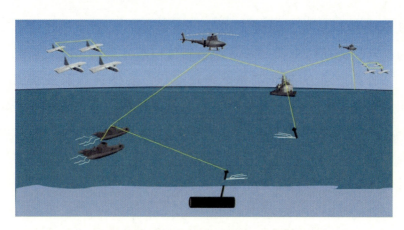

"复仇女神"作战场景示意图

总体来看，在充分借助分布式人工智能引擎给电子战领域所带来增益的基础上，"复仇女神"可以实现战术、战略两个层面的效能：战术层面，"复仇女神"可以实现多角度、多手段的一致性欺骗，操纵对手对战场的感知；战略层面，这种欺骗可以实现扰乱敌方认知、干扰敌方决策、影响敌方指控并最终瓦解敌方意志的效果。

"复仇女神"项目所体现的作战模式，突破了传统电子战系统的局限，形成了一种创新型的体系化智能攻防效能，具有传统电子战系统无法企及的体系性能力。特别是随着人工智能的发展、体系智能的实现，"复仇女神"可能实现更强的作战效能。实际上，由于网络化电子战体系本身会带来巨大的复杂度，难以靠"人力"实现这种复杂度的管理，要实现"复仇女神"的理想效能必然不能缺少人工智能技术的支持。

编 年 篇

网络化协同电子战： 电磁频谱战体系破击的基石

　　本篇以时间为主线，对美军几个典型的网络化协同电子战项目、系统进行介绍。这些项目主要包括美国陆军的"狼群"项目、美国空军"舒特"项目、美国各军种的网络化诱饵项目等。

　　此外，还对美军网络化协同电子战的代际划分进行了界定。

"舒特"简史:
起步即巅峰

许多偶然,早已经注定。

多少必然,经不起推敲。

站在 21 世纪第 3 个 10 年的起点上回头来看,很多事情的确都已注定,很多偶然都是必然。

风云际会中,起步即巅峰

一切的一切,都源于 2001 年。

这一年,风云际会,注定不凡。

强势领导人上台,政治格局变化。小布什就任美国总统、沙龙出任以色列总理,小泉纯一郎就任日本第 87 任首相,这些国家领导人都是传统上的"鹰派"人物,政治格局动荡加剧。

借力经济全球化,中国走上快车道。中国倡导成立上海合作组织,同一年,中国正式加入世界贸易组织,乘着经济全球化的东风,中国走上了经济发展的快车道。

"9·11"事件震惊世界,美国走上反恐道路。美国发生了震惊全球的"9·11"事件,恐怖分子劫持民航客机撞上美国世界贸易中心及美国国防部办公大楼"五角大楼",造成近 3000 人死亡,随后,美国发起了阿富汗战争,并走上了持续 20 年的反恐道路。

在这么多大事件的掩盖下，2001年7月27日，发生在美国华盛顿特区的一件技术领域的"小事"，可能就没有那么令人瞩目了。这一天，美国国防部根据2001财年的美国国防授权法案（106-398号公共法）第934条之规定，向美国国会提交了一份研究报告，即《网络中心战》。第934条的规定是这样的：第934（c）条要求美国国防部长会同参谋长联席会议主席就网络中心战概念的发展与实现向国会提交一份报告；第934（d）条要求，首先通过联合实验方式来对网络中心战概念的开发进行研究，并根据研究成果形成一份报告。

直到20多年后的今天，这份报告的影响依然非常深远。当然，本篇的重点不在于阐述这篇报告的深远影响（本书有专门章节阐述网络中心战及其影响），而是重点描述报告附件中提到的一个项目，即"舒特"计划（PS）。"舒特"计划出现于《网络中心战》报告"附件E：美军各军种和机构的网络中心战相关倡议与项目"，归入美国空军情报监视与侦察类技术倡议的范畴。报告中对于"舒特"计划的描述如下。

"舒特"计划是美国空军迈向传感器到射手无缝一体化作战网络的一步。"舒特"计划旨在将情报监视与侦察平台（RC-135V/W"联合铆钉"飞机）与信息攻击平台（EC-130H"罗盘呼叫"飞机）、对敌防空压制平台（F-16CJ飞机）进行横向集成。这将为作战指挥官遂行时敏目标瞄准提供一个可演示的作战体系结构。"罗盘呼叫"飞机和"联合铆钉"飞机的一体化可以通过先进战场信息系统来实现，先进战场信息系统是一个与通用数据链兼容的广播网络，F-16飞机通过改进型数据调制解调器接入网络。

实现情报监视与侦察平台、信息攻击平台一体化可产生两方面主要优势：一是协同定位；二是间断观察干扰。协同定位指的是网络中的每个平台对目标信号测向所得到的方位线可以加载到一个通用数据库，进而获得大大超过任何一个单一平台

单独所能达到的定位精度和定位收敛时间。间断观察干扰指的是"罗盘呼叫"飞机可以"借用""联合铆钉"飞机的接收机,通过先进战场信息系统来克服"罗盘呼叫"干扰对实时干扰效能评估反馈的影响。这些新的能力利用多个平台上获得的情报来大幅提升整个网络化体系结构的作战能力。"舒特"计划最终将对空中局域网系统的发展起到巨大的推动作用,该系统可连通所有平台和指控机构,包括空中作战中心(AOC)、E-3预警机(AWACS)、E-8预警机(J-STARS)及其改进型平台(如E-10A多传感器指控飞机)。

与同时代的另一个相类似的网络化电子战项目——美国陆军的"狼群"相比,"舒特"计划最大的特点就是"起点高"。这是因为,作为美军历史上首个根据网络中心战理念设计的电子战项目("狼群"项目起步时间为2001年,"舒特1"的演示时间为2000年),"舒特"计划直接略过"电子战系统组网与协同"这一阶段,径直进入了"电子战平台组网与协同"阶段。"舒特"计划抛开美军传统的采购、研发"标准流程",采取了"先演示,再研发"的先进理念,大幅提升了其实战能力。

总之,从网络化协同电子战角度来看,"舒特"计划可谓是"起步即巅峰"。其后续发展之所以顺风顺水,也与这种"高端气质"密不可分。

反恐经百战,高奏凯歌还

"舒特"计划发展历程如下图所示。由于密级很高,关于"舒特"计划的公开描述也就是"舒特1"到"舒特5"这几次演示验证,很难对其细节进行更深入推敲。然而,如果再结合美军这段时间内在全球范围内开展的军事行动,就可以得出如下结论:"舒特"计划其实是

"为战而生"的，每次演示都有非常明显的实战性、针对性。

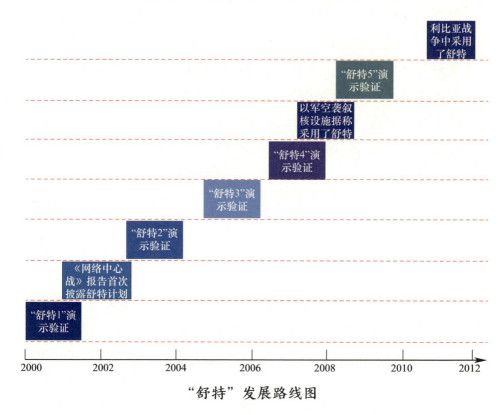

"舒特"发展路线图

2000年，在联合远征军演习2000（JEFX 2000）中，进行了"舒特1"演示验证。关于此次演示验证，美军没有透露详细信息。不过，从2001年美国国防部发布的《网络中心战》报告可以看出，此次演示的应该主要是针对时敏目标瞄准的体系结构以及网络化协同所需的数据链系统。也就是说，**此次演示验证实际上并没有特定的作战对象，纯粹是一次概念与技术层面的演示**。

2002年，在联合远征军演习2002（JEFX 2002）中，进行了"舒特2"演示验证。关于此次演示验证，美军也没有透露详细信息。然而，考虑到2002年正是美国反恐战争如火如荼的时候，**因此，此次演示验证势必会涉及如何通过电子战网络化协同实现对作战对象（基地组织和塔利班政权）的精准电子侦察与精准电子攻击**。

2004 年，在联合远征军演习 2004（JEFX 2004）中，进行了"舒特 3"演示验证。关于此次演示验证，美军透露了相对较多的信息。"舒特 3"同时也是 EC-130H 飞机 Block 35 升级计划的一部分。"舒特 3"演示验证的配置如下图所示。考虑到 2004 年正处于伊拉克战争期间，再结合图中所示的作战对象（右下角方框内），可以非常明确地得出如下结论：**"舒特 3"演示的就是针对伊拉克综合防空系统的网络化协同电磁–信息–火力一体化攻击能力。**

2004 年 JEFX 演习的"舒特 3"

2006 年，据称美军对"舒特 4"进行了演示验证，此次演示验证并不是在联合远征军演习中进行的，而是在美国空军主导的"红旗"军演中进行了演示。关于此次演示验证，美军几乎未透露任何信息。但考虑到当时美军正在同时打两场战争（阿富汗战争与伊拉克战争），因此，此次演示的应该是"舒特 3"的"改进版"，即进一步完善、提升"舒特 3"所演示的能力。

2008 年，在联合远征军演习 2008（JEFX 2008）中，进行了"舒特5"演示验证。关于此次演示验证,美军透露的信息是所有5次演示验证中最多的。此次演示验证的场景图如下图所示。美军指出,"舒特5"利用网络中心协同目标瞄准数据链所构建的网络中心环境来提供战术信息战场的联合体系架构,进而实现动能打击、非动能打击(含电子攻击、战场网络攻击等)等手段的一体化集成。"舒特5"在战术层级上提供了一种清晰、连贯、及时的信息战场视图。其核心是通过组网、融合实现对作战对象网络(主要是敌方的综合指控与通信网络)的侦察分析与攻击。可以看出,此次演习的作战对象已经开始由反恐对象逐渐向更加普适的、更加强大的对手转型。

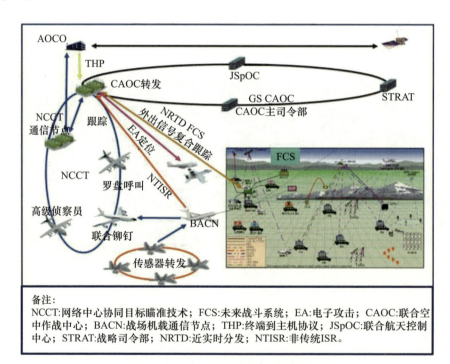

JEFX 08-3 中"舒特5"演习情况

总之,经历过五次实战意味非常浓厚的演示验证以后,"舒特"计划得到了美军的高度赞扬。以至于在2011年利比亚战争中,美军都使用了"舒特"。其实,利比亚无论是从军事力量还是从综合防空系统的

角度来看，都远远不如2003年的伊拉克，因此，在对付利比亚时采用"舒特"这种"高科技武器"，应该纯属练兵。

再往后，美军基本上就没有再披露有关"舒特"计划的任何信息，通常这种情况意味着要么项目被取消，要么项目已经实战部署。从美军前期的反应来看，无疑是项目已经实战部署的可能性非常大。

那么，部署以后的"舒特"计划会是什么样子呢？

乘数据之东风，展智能之翅膀

关于"舒特"实战部署以后是什么样子，笔者不得而知。然而，考虑到美军"紧跟技术步伐"的传统，可以将其部署以后的特点总结为如下几方面：其一，以网络中心战理念为根本，这一点不会改变，即"以网聚能、以网释能"的本质特征不变；其二，很有可能将大数据分析技术应用进来，因为从本质上来看，"舒特"计划的架构可抽象为"传感器 + 战斗管理器 + 效能器"，而这三方面都需要大数据作为支撑；其三，很有可能充分融入人工智能技术，这是因为"舒特"计划的作战对象主要是各类时敏目标，而要应对这类目标，其整个杀伤链的闭环时间必须足够短，因此，单靠人工分析无法满足，必须采用人工智能。

总结

总之，"舒特"计划作为第一个基于网络中心战理念设计的网络化协同电子战项目，重要性很难超越；此外，起点非常高。因此，如果没有颠覆性技术的加入，至少能够"引领风骚数十年"。

从目前来看，也的确如此：本书所描述的几乎所有网络化协同电子战项目都没有能够超越"舒特"计划；只有"小精灵"项目稍有超越之处（网络节点变成了无人机，节点数量大幅增加，引入了人工智能技术）。

这既能说明"舒特"计划之强大，也从侧面表明，网络化协同电子战领域发展太过缓慢。

此等状况，是喜是悲？

编年篇

"狼群"简史：
美国地面电子战的尴尬突围

"狼群"项目与"舒特"计划差不多是同时启动的，只不过前者相当于一个"预先研究"项目，后者相当于一个"演示验证"项目。然而，这两个项目最终的命运可谓天壤之别。前面讲到，"舒特"计划起点高且极有可能在新技术时代实现了进一步突破，"狼群"项目尽管起点也很高，短短几年的开发以后，却逐渐淡出了人们的视线。

其实从这两个项目的基本理念来看，都很先进，也都具备很强的颠覆性。然而，对于军用系统而言，"用且好用"才是第一位的，可能这就是"狼群"项目最终"泯然众人矣"的原因之所在。

空负屠龙技，苦无施为法

从平台电子战领域角度来讲，刚刚进入21世纪时，美国陆基电子战系统一直处于非常尴尬的境地：空有一身本领，打不着对手。

例如，美国陆军首屈一指的电子战系统"预言家"就具备非常强大的电子战能力，其作战对象非常多，频段非常宽，侦察与干扰能力非常强。然而，没有对手——或者说，对手离得太远。需要美国陆军出动的场合，通常是反恐等非常规作战，而非常规作战中的潜在对手通常很弱，不需要功能太强大的电子战系统；如果与势均力敌的大国全面开战，则通常不会出动地面部队。简而言之，没法用。

总之，21世纪初的美国地面电子战领域非常迷茫、悲观，迫切需要一两个契机来实现"突围"。那么，需要什么样的契机呢？其实很明了：要么爆发非常规战争，能够让美国地面部队直接参与并使用其传统电子战系统；要么出现颠覆性理论、技术、装备，让美国地面电子战能力能够直接参与大国竞争型常规战争。

真是无巧不成书，这两类契机很快就都有了："9·11"事件导致阿富汗战争、伊拉克战争爆发，这种非常规战争中，美国地面部队直接进入，其电子战系统也有了用武之地（当然，后来这些传统电子战系统都一步步自废武功，沦为了让人眼花缭乱的各种"简易爆炸装置干扰机"，这一点非本书关注重点，不赘述）；美国国防高级研究计划局（DARPA）于2001年正式启动了"狼群"电子战项目，该项目所开发的系统本质上是地面电子战系统，但具备很大的潜力可以用于大国竞争中经常采用的非接触式作战，进而为美国地面电子战系统介入大国竞争型常规战争带来了希望，因此，对于该项目，美国陆军非常重视。

然而，事与愿违。事实表明，美国地面电子战领域希望借助"狼群"实现电子战"突围"这件事并没有取得预期效果。具体前因后果，且听笔者细细讲来。

当时春风得意，再遇已是路人

"狼群"项目启动时，格局不可谓不宏大。

首先，频率覆盖了传统战术通信的整个频段（20MHz~2.5GHz），而且计划后期覆盖到典型雷达的频段（2.5~15GHz，甚至15GHz以上）。

其次，功能涉及了电子战的几乎所有方面。例如，通信干扰与欺骗、雷达干扰与欺骗、分布式对敌防空压制等进攻性电子攻击功能；抵近式、分布式、网络化协同目标识别与瞄准等电子支援功能；甚至还包括了通过干扰敌方电子侦察接收机系统来防止"狼群"节点间的

无线通信被敌方发现的一种新型电子战功能，这种功能从传统电子战分类来讲既可归入电子防护范畴（实现反通信电子侦察的目标），又可归入电子攻击范畴（借助了防御性电子攻击的手段）。

"狼群"项目启动后，项目的分阶段发展过程总体也算是顺风顺水。

2000 年，由 DARPA 启动了该项目，由保罗·科洛德齐博士担任项目经理。原项目发展计划是这样的：第 1 阶段是对项目概念、备选技术和系统结构的有效性进行评估；第 2 阶段是开发风险高、收益高的技术；第 3 阶段是系统设计；第 4 阶段（计划于 2003 财年开始）是在现场环境中对样机进行演示验证。

总体来看，"狼群"项目的主要研发活动集中在 2000 年到 2006 年，其发展历程如下图所示。

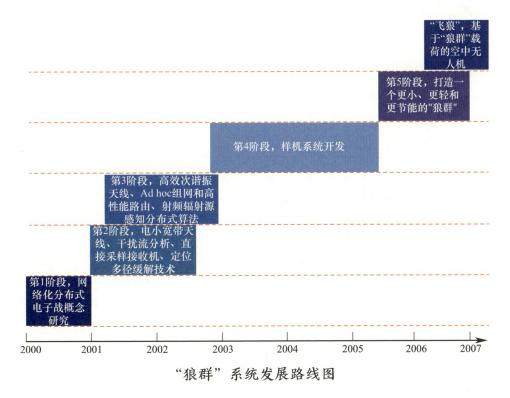

"狼群"系统发展路线图

据报道，2001 年 2 月 13 日，DARPA 发布两份项目征集书，寻求用于对敌通信系统和雷达实施电子侦察、电子攻击和电子抗干扰的新项目，名为"狼群"，项目经费达 4000 万美元。该项目可在战场上获取射频（20 MHz~15 GHz 以上）频谱优势。项目的主要作战对象是未来的战术通信系统，这些系统的主要特点可概括为"频率捷变、功率更低的小型网络化系统"，这对传统的防区外电子战平台来说是个严峻的挑战。"狼群"概念在技术上采用了抵近式、分布式网络化结构来对抗现有和未来的敌方通信、雷达系统，可用来对抗诸如优先捷变频、旁瓣抵消、电子欺骗等抗干扰手段。

2001 年 8 月，美国 DARPA 已经为"狼群"项目的第 2 阶段和第 3 阶段挑选了 7 个承包商。

"狼群"的第 2 阶段侧重于关键的系统功能和核心技术的增强。5 家公司将开展总值 390 万美元的工作：AIL 系统公司负责开发电小（"电小"是相对于"物理小"而言的，指的是最大尺寸小于工作波长的 $1/2\pi$ 或 1/10 的天线）且增益高效的宽带天线元件；BBNT 解决项目公司负责开展选择性目标干扰流分析创新概念子项目；信息系统实验室负责研究先进的地理定位技术；罗克韦尔·柯林斯公司负责开发小型化"梳状"直接采样传感器/信号智能接收机技术；统计信号处理公司将研究地理定位的多径缓解技术。

此外，两个承包商团队获得了**第 3 阶段合同**，为"狼群"开发系统总体设计产品，每项合同额近 500 万美元。团队 1 由 BAE 系统公司信息与电子系统集成部牵头，与 APTI 公司无线部、Herrick 技术实验室、Telcordia 公司、M/A-Com 公司、Syracuse 研究集团、乔治·梅森大学等合作；团队 2 由雷声公司 C^3I 系统分部牵头，与 SAIC、JBISoft、信息系统实验室和 YarCom 公司合作。第 3 阶段侧重于如下几方面研究：高效次谐振天线；低功率、宽带信号收集与处理技术；Ad hoc 组网和高性能路由；用于射频辐射源检测、定位与特征描述的分布式算法。

2003 年 4 月 15 日，据报道，DARPA 已选定 BAE 系统公司信息

与电子系统集成部负责"狼群"项目第4阶段的工作，该公司将获得2290万美元合同，相关工作计划于2005年3月之前完成。

2005年4月27日，BAE系统公司表示，该公司已完成"狼群"系统第4阶段的最后演示。第4阶段最后成功演示包括3个部分，每个部分都关注利用"狼群"来检测、识别、定位和干扰雷达和通信辐射源这一作战场景。此外，该公司还指出，该项目的第5阶段将改进和增加功能，同时打造一个更小、更轻和更节能的"狼群"。DARPA正在与美国陆军制定长期规划，通过机载和纵深发射装置来部署"狼群"，并与美国空军合作，对敌方空中通信进行分布式压制。这就是后来的"飞狼"。

2006年1月，BAE系统公司展示了"飞狼"垂直起降（VTOL）无人驾驶飞行器。直径1.2米（3.9英尺）的涵道风扇无人机是美国DARPA"狼群"项目第2阶段的候选产品。演示中，无人机以20节（约合37千米/小时）速度飞行了1.1千米（0.6海里），最高速度30节（约合55千米/小时），无人机上部署有10千克（22磅）的"狼群"信号情报载荷和自主着陆系统。上述演示期间，为满足预期的1小时续航时间需求，把载荷重量降到了5.9千克。

然而，尽管项目本身的能力无懈可击、项目发展历程一帆风顺，但"狼群"项目最后似乎彻底没了音讯。尤其是原定于2010年实现列装这一目标，似乎并未实现。2006年以后，有美国地面部队参与的战场上，也没有听到过任何有关该系统参与实战的消息。

从开始开发时的"春风得意马蹄疾"，到正式列装时的"相逢已是路人甲"，正可谓"其兴也勃焉，其亡也忽焉"。

美国地面电子战此次突围，宣告失败。

前因并现缘，新人换旧人

"狼群"之所以未达到预期目标，究其原因，个人认为主要涉及两方面。

其一，内因方面，功能难以满足反恐作战需求。"狼群"项目的整个研发周期刚好处于美军陷于反恐泥潭的时期，而其功能主要是针对传统的战术通信与典型雷达，无法满足反恐需求（如干扰简易爆炸装置）。因此，系统研发尽管很成功，但批量生产、实战应用与部署则比较困难。最后的结局必然是要么被弃用，要么"转型"为诸如反遥控简易爆炸装置系统（CREW）等反恐装备。

其二，外因方面，无人机集群电子战的崛起导致"飞狼"直接被各种网络化电子战无人机、电子战诱饵等取代。原本"飞狼"的想法很好，因为它从根本上解决了"狼群"系统如何实现远程部署的问题。然而，2010年之后刚好赶上了人工智能与无人机领域飞速发展的滚滚浪潮，像"飞狼"这种系统也忽然没有了用武之地——更确切地说，是忽然"新人换旧人"。

至此，"狼群"系统最后的挣扎也只能是留下一个倔强的背影。

人工智能时代到来了。

尾声

关于美国地面电子战突围这件事，其实很有意思。往大了说，甚至会上升到"美国地面部队在大国竞争型战争中能够起到什么作用"的高度。这一问题在美国正式结束反恐战争之后，显得愈发突出。毕竟，从第二次世界大战时兴起的"空地一体战"已经难以适应大国竞争型战争，尽管美国提出的"空海一体战"并未得到盟友的捧场，但美军从非常规战争向大国竞争转型的姿态还是非常鲜明的，而这让美国陆军、海军陆战队等地面部队进一步边缘化。这种边缘化具体到电子战领域，就是一层层的围困，地面电子战领域也一次次尝试突围。

其实不仅是地面电子战系统，就是美国陆军、海军陆战队等地面部队的空中电子战系统也面临类似的窘境。例如，美国陆军的

RC-12"护栏"系列电子侦察飞机尽管一直在更新、升级，但从未能够突破军种藩篱——由于飞行距离有限，导致只能用于非常规战争。与美国空军 RC-135V/W "联合铆钉"电子侦察机、美国海军 EP-3 "白羊座"电子侦察机相比，战略价值很低，无法用于大国竞争中的常规作战。为此，美国陆军尝试研发自己的战略型电子侦察机"阿尔忒弥斯"，以期其电子战能力能够直接参与大国竞争。

如今，美国地面电子战的突围仍在继续，但笔者并不看好。因为美军的使命就是海外作战、远征作战，而地面部队很难参与到这种作战中去。更何况，美国的潜在大国竞争对手也绝对不会容忍美国地面部队进入自己的领土。

"狼群"的落幕会不会也是美国地面部队逐步落幕的缩影？且拭目以待。

网络化协同电子战： 电磁频谱战体系破击的基石

网络化诱饵简史：
电磁领域的"诡道"

美军《JP 3-85：联合电磁频谱作战》条令指出，"电磁战语境下的欺骗，指的是直接通过敌方传感器本身或间接通过敌方无线网络（如话音通信或数据链）向敌方操作人员和高级处理功能提供错误的输入。电子战通过电磁频谱操纵敌方的决策环，使敌方难以准确感知客观事实。电磁欺骗通常用于防御目的，以避免在战术交战中被敌方瞄准，或者通过将假信号注入敌方雷达等传感器中以规避探测。"

可见，欺骗是电子战领域的主要攻击手段之一，可以通过有源或无源手段实现，从对象角度来讲，电磁欺骗主要包括感知欺骗（传感器欺骗）和信息欺骗（战场网络欺骗）两类。其中，传感器欺骗最主要的有源手段就是利用各种诱饵，包括红外干扰诱饵、雷达干扰诱饵等。

最初的干扰诱饵是单独使用的，主要作用是"吸引火力"。随着网络化所能带来的优势越来越明显，以及对手采取了一系列"反欺骗"技术，干扰诱饵也逐步走上了网络化协同的道路，而且功能与能力随之大幅提升。最终，干扰诱饵的网络化协同还催生出了一种颠覆性电子欺骗模式，即全息欺骗。诱饵的网络化历程，正可谓是电子战领域的一部《骗经》——"不同的诱饵 + 不同的数据链"即可随意搭配出不同的"骗术"。

MALD-J+TTNT

美国空军小型空射诱饵（MALD）系统旨在模拟美国空军战斗机、轰炸机或攻击机的雷达特征和作战飞行特征，以诱导、欺骗和诱骗敌防空系统。MALD 项目可追溯至 1995 年 3 月，当时美国空军第 40 飞行测试中队表示需要 MALD 类型的诱饵。此后，DARPA 授予 TRA 公司（现在是诺斯罗普·格鲁曼公司的一部分）一份为期 30 个月的先进概念技术演示（ACTD）合同，以打造该系统。2002 年 9 月，又临时要求在 MALD 基础上设计干扰型小型空射诱饵（MALD-J）。此后，如何在 MALD-J 诱饵上加装数据链以实现其组网协同，就成了系统发展过程中的一项主要任务。随着 MALD-J 加载数据链的成功，后续新版本的 MLAD 系列（如海军版的 MALD-N）也都直接加载了数据链。MALD 的网络化发展之路如下图所示。

MALD 网络化发展路线图

2008年7月15日，在2008年法恩堡航展上，雷声公司高层表示，"在后续发展方面，我们希望为小型空射诱饵开发一个数据链，计划于今年8月在中国湖举行的多国指控、计算机与通信演习'帝国挑战赛'中展示该能力。"

2009年1月，美国空军授出了1225万美元的MALD-J诱饵研发合同，开展为期14个月的概念细化研究，重点研究在MALD-J诱饵Block 2的增量2配置中引入数据链并提升有效辐射功率（ERP）。

2009年7月6日，雷声公司宣布，在巴黎航展前一周，MALD的初始作战测试与评估工作正在进行。MALD-J Block 2的概念细化阶段于2009年3月10日结束。该项工作研究了安装功率更大的干扰机、数据链和抗干扰能力更强的GPS的可能性。雷声公司的结论是，这三方面工作似乎都可行。

2014年12月9日，美国海军陆战队、美国空军联合雷声公司首次成功演示了搭载数据链的MALD-J，数据链的引入增强了该干扰机的态势感知能力且使其具备了能够在飞行中调整目标瞄准能力。此次演习使用了海军陆战队最近发布的电子战服务体系结构协议及战术目标瞄准网络技术（TTNT）电台。MALD-J在靶场内执行了其指定的雷达干扰任务，并能够向电子战战斗管理器发送态势感知数据。电子战战斗管理器利用这些信息来调整MALD的飞行任务。

2016年7月，雷声公司获得了美国空军一份价值3480万美元的合同，为MALD-J演示升级的电子战能力，并在24个月内研发和测试新的MALD-X导弹，改进ASD-160C MALD-J的电子战载荷和飞行能力。MALD-X还将增加低空飞行能力和数据链，以便与其他网络化系统以及MALD-J进行通信。雷声公司将在合同结束时进行两次飞行演示。

2020年5月21日，据报道，为了满足美国海军对支持对敌防空压制任务的网络化近距离干扰机的要求，美国海军开发了MALD-N，这是美国空军ADM-160C（即配备数据链的MALD-J）的演进型。

AOEW+link 16

ALQ-248先进舰外电子战（AOEW）系统是一种吊舱式电子侦察与电子对抗系统，旨在实现水面舰艇对敌反舰巡航导弹的防空能力。吊舱由洛克希德·马丁公司开发，可搭载于MH-60R/S"海鹰"直升机上。AOEW载荷通过link 16数据链与被保护的水面舰艇实现网络化协同。AOEW的发展历程如下图所示。

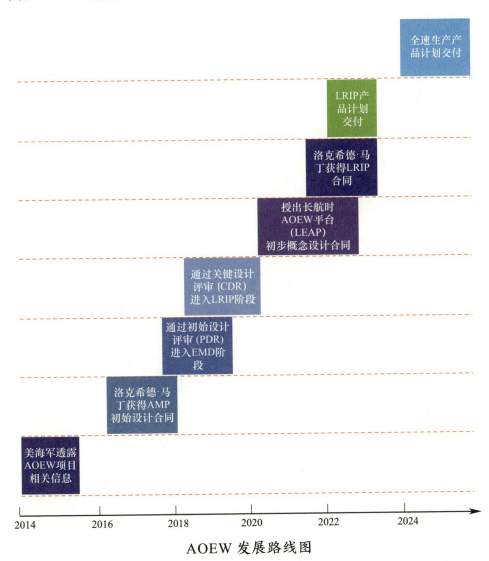

AOEW发展路线图

2014年4月22日，美国海军透露了开发新的软杀伤反舰导弹防御载荷的计划，用于部署在MH-60直升机上。据海军海上系统司令部称，这个名为AOEW的项目旨在提供"用于执行针对当前和未来反舰导弹威胁的下一代协同电子战任务"的长航时舷外对抗能力。AOEW项目启动于2012财年，旨在开发新一代射频软杀伤设备，以保护美国海军水面战斗群。美国海军海上系统司令部在2014年4月15日发布的一份信息通告中表示，计划为AOEW项目初始设计、工程制造开发、低速初始化生产等阶段进行全面、公开竞争招标，项目旨在开发与MH-60R和/或MH-60S直升机集成的长航时电子战有源任务载荷。

2014年8月，美国海军海上系统司令部对AOEW主动任务载荷（AMP）项目进行建议书征集，要求对长周期AOEW AMP项目的初步设计、工程和制造开发（EMD）、低速率初始化生产等阶段进行招标，以便该项目开发的系统能够与MH-60R和/或MH-60S直升机集成。AOEW AMP初始设计阶段将涉及吊舱式电子战载荷的硬件、固件、软件和数据的设计与开发，该吊舱兼具电子侦察与电子攻击能力。随后的工程和制造开发（EMD）阶段将硬件和软件集成到最终的系统设计中。AOEW AMP的集成不需要对基本型MH-60直升机进行改造。

2016年12月23日，美国海军海上系统司令部授予洛克希德·马丁公司一份价值550万美元的AOEW AMP项目开发合同，该合同包含工程和制造开发阶段和低速初始化生产阶段的选项，总合同额度可达9270万美元。洛克希德·马丁是AOEW项目的三个投标公司之一。

2017年2月，洛克希德·马丁公司表示，已将科巴姆集成电子方案公司确定为其主要合作伙伴，并确认拟采用AN/SLQ-32（V）6 SEWIP Block 2系统中已经验证的技术。美国海军总共需要大约100套AOEW AMP系统。

2017年9月初，洛克希德·马丁公司宣布，AOEW AMP已按时

通过初步设计评审（PDR），为工程和制造业开发（EMD）合同（包括六套工程开发型系统的选项）的签订铺平了道路。美国国防部于2017年9月18日宣布，海军海上系统司令部授出了2360万美元的工程和制造开发合同选项。

2018年初，洛克希德·马丁公司表示，其预计于2018年年中完成美国海军新型AN/ALQ-248有源任务载荷的关键设计评审，为工程开发型系统于2019年开始的飞行测试奠定基础。

2020年4月，美国海军授出长航时AOEW平台（LEAP）的初步概念设计合同，LEAP项目也将作为AOEW网络化电子战系统的一部分。

2021年7月29日，洛克希德·马丁公司表示，AOEW项目将达到里程碑C，并在未来两个月开始低速初始化生产。该公司已提交里程碑C决定所需的所有技术数据，这将为开始生产铺平道路。公司表示，AOEW在代码库和体系结构方面与SEWIP有很多共同之处，但属于较小的系统。洛克希德·马丁公司预计，在2023年或2024年开始全速生产之前，将立即进入低速初始化生产阶段。首次向海军交付AOEW计划于低速初始化生产开始后24~28个月进行。

2021年9月29日，美国海军海上系统司令部宣布，已授予洛克希德·马丁公司一份价值1780万美元的合同，以执行AOEW低速初始化生产选项，相关工作计划于2024年5月完成。AOEW系统除了可以与AN/SLQ-32（V）6协同工作以外，还可以与AN/SLQ-32（V）7协同工作。

2022年1月，洛克希德·马丁公司高级官员表示，AOEW吊舱已完成飞行测试，计划2022年7月或8月交付首批低速初始生产样机。

2022年4月27日，美国CAES公司宣布获得洛克希德·马丁公司AOEW系统低速初始化生产阶段1相控阵天线的合同，该天线可为AOEW AMP AN/ALQ-248系统提供高灵敏度接收监视与电子攻击发射能力。

"小精灵"+？

从"体型"角度来看，军用无人机正朝着两个不同的方向发展：大型多功能一体化无人机，如"全球鹰"系列；小型网络化无人机，如DARPA的"小精灵"电子战无人机。"小精灵"项目不是美军第一个网络化电子战项目，但无疑是第一个将"网络化""电子战"这两大要素发挥到极致的项目。**网络化方面**，可实现快速发射后的即时组网能力。作为高速移动（速度至少为0.7马赫）的空中平台，快速组网无疑面对很多挑战，如无固定基础设施、信道多变、同步困难等。但从DARPA的要求来看，其组网能力（尤其是快速组网能力）无疑是最重要能力之一。**电子战方面**，可实现对敌防空压制、通信干扰、赛博攻击等多方面能力。借助强大的抵近式作战能力，"小精灵"可以做到其他传统电子战系统无法做到的事情，其中，赛博攻击（向敌方数据网络中注入恶意代码）能力无疑是最大的亮点。"小精灵"的发展历程如下图所示。

"小精灵"项目是DARPA的战术技术办公室负责的空射无人机开发工程。2014年9月，战术技术办公室发布"分布式机载能力"项目的信息征集书，开始探索从C-130等母机发射、回收小型无人机的可行性。

2015年9月16日，DARPA发布"小精灵"电子战无人机项目征集书，旨在开发一种小型、网络化、集群作战的电子战无人机。该无人机可用C-130运输机等大型空中平台从防区外投送，可对敌防空系统的各类雷达及通信系统实施情报侦察和电子攻击。同时，这些无人机之间还能通过网络化来实现压制敌方导弹防御系统、切断敌方通信乃至向敌方数据网络中注入恶意代码等功能。

2016年，"小精灵"第一阶段启动，合同授予Composite Engineering、Dynetics、通用原子航空系统和洛克希德·马丁四家公司。第一阶段的研发任务是开展系统的概念化研究，重点包括"小精灵"目标系统和演示系统的设计，以及成熟计划的制订。

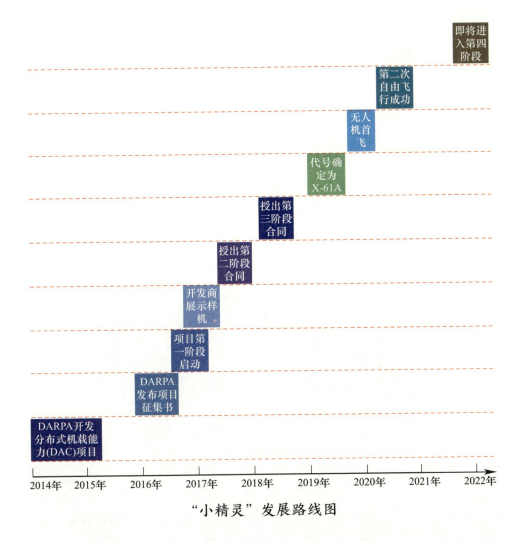

"小精灵"发展路线图

2016年9月21日，据报道，在马里兰州国家港举行的年度空军协会专题讨论会上，通用原子航空系统公司展示了为DARPA的"小精灵"项目开发的样机。

2017年3月，DARPA将第二阶段合同授予Dynetics和通用原子航空系统公司。第二阶段的研发任务是执行技术成熟计划，重点包括对主要子系统、模型等进行分析，以及实验室和现场演示。

2018年4月，DARPA授予Dynetics公司第三阶段合同。第三阶段的研发任务是进行演示系统的设计、制造和集成，并依托C-130运输机进行空中发射与回收实验。由于疫情影响，该阶段研发工作尚在进行中。随着"小精灵"项目价值的日益凸显，美军于2020年决定增加第四阶段研发（2021年至2023年），吸纳"拒止环境中的协同作战"项目的成果，开展分布式空中作战的能力演示。

2018年4月，Dynetics发布"小精灵"视频，突出其协同能力，如图所示。其中，上图示意了"小精灵"无人机之间如何通过组网、智能化等手段实现协同；左下图示意了"小精灵"无人机之间所采用的通信技术，白点示意的是数据链消息；右下图示意了搭载不同传感器载荷的"小精灵"无人机实现多传感器数据融合的场景。

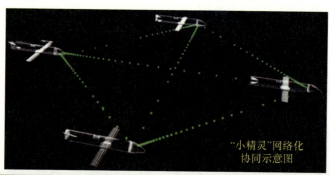
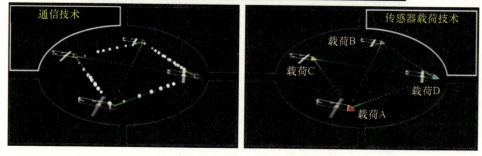

"小精灵"网络化协同示意图

2019年8月，"小精灵"正式代号确定为X-61A。

2019年11月，X-61A"小精灵"无人机第一次飞行测试活动在犹他州的达格威试验场进行，用C-130A"大力神"运输机作为载机。

Kratos公司为Dynetics公司牵头的演示项目制造了五架X-61A"小精灵"无人机。第一架在第一次测试结束时损失，但任务总体是成功的。X-61A"小精灵"无人机先进行了一次"捕获-携带"，然后C-130运输机在空中发射了该无人机，之后无人机进行了为时1小时41分钟的自由飞行。这次飞行测试成功演示了无人机的发射，在此期间，"小精灵"无人机的机翼展开，发动机冷启动，然后过渡到稳定飞行阶段。"小精灵"无人机随后进行了各种机动，在此期间检验了其数据链和控制系统能力。其用于回收的对接臂的部署得到了验证，尽管在最初的演示中，"小精灵"无人机配备了降落伞回收系统。这次飞行测试是Dynetics公司和"小精灵"项目的一个历史性里程碑。

2020年2月19日，Dynetics公司在互联网上发布了一段视频。该视频显示，一架无人机从美国运输机C-130"大力神"飞机的机翼下方空投发射，外形大致类似于大型空对地导弹。这架代号为X-61A的无人机随后展开小翼并点燃其火箭发动机，开始自主飞行。媒体报道称，这架无人机在空中停留了1.5小时，而视频显示，2019年11月的首飞中该无人机仅进行了一些简单的机动。

2020年7月，X-61A"小精灵"无人机进行第二次成功飞行。这一系列测试涉及"小精灵"演示系统的所有部分，包括无人机、发射和回收系统、机载操作人员控制站、"小精灵"指控与通信系统。试飞原定于2020年春进行，但由于新冠流行而被推迟。第二次飞行测试朝着空中回收又迈出了一步，但尚未完成：X-61A首次与负责回收的C-130使用"小精灵"自主对接系统实现编队交汇与紧密飞行。无人机总飞行时间为2小时12分钟；它原本应该在距离C-130载机下方125英尺（约合38米）的位置飞行并回收，但在测试结束时，它还是使用降落伞系统在地面实现了回收。与2020年1月17日进行的第一次自由飞行相比，这仍然是一个里程碑和重大成功。

网络化协同电子战：电磁频谱战体系破击的基石

2020 年 7 月测试的照片——一架 C-130 飞机和第 2 架 X-61A 无人机
（图片来源：Dynetics）

2021 年 11 月 12 日，据报道，在期待已久的 X-61A "小精灵"无人机机载回收系统演示之后，Dynetics 公司的项目团队负责人预计，将只需要"再部署一次"来展示多无人机回收，就可以进入该项目的第四阶段。

ALE+RapidEdge

空射效应（ALE）系统是美国陆军"追求跨越式技术进步，旨在控制对手，实现多域作战目标"的项目。ALE 可执行电子战、情报监视与侦察任务，将是美国陆军未来空中能力的一个关键要素，也是其未来垂直升力（FVL）总体目标的组成部分。

2022 年 1 月 31 日，柯林斯公司完成了 RapidEdge™ 任务系统演示。RapidEdge™ 任务系统结合了小型任务计算机和数据链，目标是实现 ALE 的主动自主。柯林斯航空航天公司成功展示了现成的任务系统解决项目，以支持陆军航空兵的持久和未来垂直升力编队的 ALE 作战。这些 ALE 由一个飞行器、多个载荷和一套任务系统组成，ALE 是 FVL 飞机的关键部分，可利用"作战人员在环路"自主的方式来扩展 FVL 的作战范围、杀伤力和生存能力。

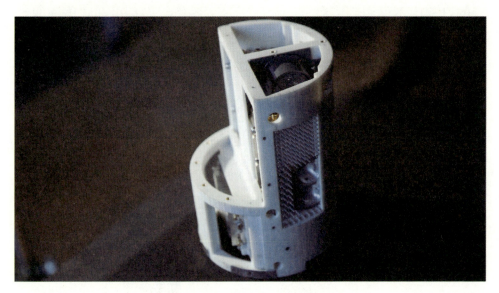

RapidEdge™ 任务系统

柯林斯演示的 RapidEdge™ 任务系统是 ALE 系统的大脑，包括用于通信的无线电、用于处理密级数据的解决方案、任务计算以及自主行为控制。RapidEdge™ 任务系统成功地执行了 ALE 的战术相关行为，同时实现了通过跨域多密级解决方案进行通信。该公司的任务系统使多个 ALE 能够协同组队进行作战，形成互补能力，同时降低了飞行员的工作量。此外，开放式系统架构也使其能够无缝集成多个载荷和数据链。

"复仇女神" + 体系

相较于其他的网络化协同诱饵项目，"复仇女神"要更加神秘且强大。**神秘之处**体现在，尽管从 2013 年就出现了该项目的相关报道，但直到现在美国军方仍没有透露其实现过程的相关细节，只有一些预算文件简要介绍了其功能（这一点与美国空军"舒特"计划有点类似）；**强大之处**体现在，"复仇女神"项目是美军公开承认的唯一具备体系性电磁欺骗能力（本书称为"全息欺骗"）的项目，而且该项目在实施欺骗的过程中不仅用到了海上、水面、水下诱饵，而且用到了传统的水面舰艇，是一个实实在在的"体系工程"。

该项目的相关信息很少，其大致发展过程如下图所示。

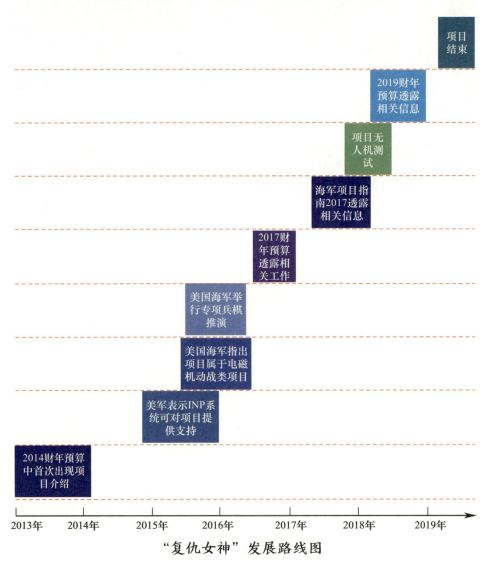

"复仇女神"发展路线图

2013年4月，美国海军2014财年预算中，首次出现了"复仇女神"项目相关介绍，主要体现在功率投送应用研究（编号PE 0602114N）项目和电磁系统应用研究（编号PE 0602271N）项目中。

功率投送应用研究项目指出，2012财年到2013财年增加了一部分预算，用于启动对地攻击无人机射频电子战载荷，该载荷与"复仇女神"的启动有关。从2013财年到2014财年也增加了一部分预算，用于将支持"复仇女神"开发的无人机射频电子战载荷转移到电磁系统应用研究（编号PE 0602271N）项目中，将"复仇女神"分布式控制、协同、组网载荷与平台转移到通用视图应用研究（编号PE 0602235N）项目中。

电磁系统应用研究项目指出，"复仇女神"创新海军样机属于该项目的一部分。"复仇女神"创新海军样机技术可同时针对敌方多个传感器生成一个非常类似真实海上部队的电磁假目标。这样就可以给敌方的水面、水下监视系统、目标瞄准系统带来战场迷惑，打造无缝跨域对抗措施协同，实现快速的先进技术/能力插入以应对新兴威胁。要实现上述目标，"复仇女神"创新海军样机项目拟开发模块化可重构电子战载荷、分布式诱饵与干扰机集群、高效声学对抗措施系统、多输入/多输出传感器。

2014年10月，美国海军研究室发布"综合桅杆（InTop）不确定交付数量后续工业日与工作陈述草案"通知（编号14-SN-0001），其中指出，InTop创新海军样机系统可对诸如"复仇女神"等系统提供支持。

2015年2月4日，美国海军研究办公室负责突破性技术的项目主管阐述了美国海军正在负责的一系列创新海军样机项目，指出"复仇女神"项目在美国海军内属于电磁机动战类项目，同类项目还包括集成桅杆项目、电磁机动与控制能力项目。2015财年，美海军一方面拟继续进行"复仇女神"电子战载荷的开发，并将它们集成至平台，另一方面继续支持"复仇女神"载荷和平台的分布式控制、协同和网络化研究。

2015年2月23日至26日，美国海军作战研发司令部举行了"复仇女神"的专项兵棋推演。

2016年2月，DARPA发布的2017财年预算中指出，2015财年、2016财年、2017财年"复仇女神"项目的主要工作包括开发和演示"复仇女神"电子战有效载荷并将其整合进平台，支持"复仇女神"有效载荷和平台的分布式控制、协同和组网方面的研究。

2016年，"复仇女神"项目开始在子系统层面进行硬件开发、技术和软件转化和现场测试。计划于2017财年至2018财年对综合系统级能力进行飞行测试和海上测试，并最终于2018财年末完成验收演示。项目开发机构包括佐治亚理工学院、约翰霍普金斯应用物理实验室、麻省理工学院林肯实验室、海军水下战中心、海军研究办公室、太空与海战司令部。

2017年4月，美国海军发布《美国海军项目指南（2017）》，指出"复仇女神"创新海军样机项目旨在开发一个电子战体系，该体系旨在实现跨各种分布式平台的电子战手段的同步，以产生协同和一致的电子战效果。"复仇女神"强调在各种情况下对抗敌传感器的电子战能力和策略的协同和同步。"复仇女神"项目自2014年启动以来，一直由美国海军研究办公室、海军作战部长办公室、舰队指挥官和分析人员、在列项目采购部门、政府实验室和战争中心、DARPA以及联邦政府资助的研发中心和大学附属研究中心等部门密切合作。

2017年8月，美国海军研究实验室的研究人员成功完成从美国"科罗纳多"号濒海战斗舰上起飞"游牧民"无人机的测试。该无人机是美国海军研究办公室"复仇女神"项目创新海军样机的一部分。此次测试通过快速连续发射多架无人机，进行编队飞行操作，并依次回收所有无人机，证明了该无人机升级的发射和控制能力以及新的回收能力。

2018年2月，2019财年"创新海军样机应用研究"项目国防预

算指出,"复仇女神"是该项目"电磁机动战子项目"中的一个研究方向,开发的相关技术用于评估"复仇女神"协调多个分布式电子战系统以实施电子战作战的可行性。成熟的技术包括集群无人机作战、分布式资源任务控制、多域协同作战以及先进的射频组件和子系统技术。这些新兴技术融合进"复仇女神"样机系统设计和开发过程中,该系统能够协调多个分布式电子战系统以实现协同电子战作战。由于2018财年已经完成了"复仇女神"分布式电子战系统项目,因此,2019财年未给予投资。

2019年,美军表示,"复仇女神"项目已结束。

结语

自古相传,江湖上有十大骗术,即蜂(风)、麻(马)、燕(颜)、雀(缺)、瓷、金、评、皮、彩、挂。其中,以"蜂"为首。所谓"蜂",是从欺骗过程上来讲的,指的是如同蜂群一样,实现团伙、群体协同行骗;"蜂"亦作"风",则是从欺骗效果上来讲的,指的是欺骗效果之迅速,如风卷残云(关于其他九大骗术,若有需要了解,建议读者参考明代张应俞的《骗经》)。

电磁频谱领域亦是如此,只有通过网络化协同,才能实现欺骗效果的最大化、全息化、隐蔽化,这也是兵者诡道的核心要义之所在。

美军网络化协同电子战简史总结：划代

前文对美军网络化协同电子战主要项目的发展历程进行了简单描述，那么，这些项目在发展过程中体现了哪些共同的特点呢？或者更简单来说，如何对网络化协同电子战发展进行划代，以更清晰地描述其发展脉络呢？

首先，对网络化协同电子战内涵进行如下界定："**网络化协同电子战是网络中心战理念在电子战领域应用的特例，指的是通过网络化协同手段综合提升电子战装备个体、群体、体系的能力。这些能力包括电子战支援、电子防护、电子攻击、电子战效能评估等多方面能力。**"

美军网络化协同电子战发展概述

尽管在当前阶段网络中心战理念已经非常成熟，但基于网络中心战理念的电子战（网络化协同电子战）仍处于上升发展阶段。之所以出现这种情况，主要原因可总结如下。其一，电子战自身特点决定了其对网络中心战理念依赖性极强，导致电子战领域网络中心化潜力仍然非常巨大、很多方向尚未挖掘。其二，人工智能领域的异军突起，为"人工智能+网络中心战"型电子战带来快速发展机遇。尤其是借助分布式人工智能强大的个体能力提升，电子战有望实现"网络化体系智能"这一高阶目标。目前距离这一目标还有很长的路要走。

近年来，美军网络化协同电子战领域发展非常迅速，并且全面得到了各个军种的认同。尤其是美国海军，作为网络中心战理念的倡导者与提出者，不仅从军种层面提出了分布式杀伤理念，更是不遗余力地致力于将网络中心战理念引入电子战领域，并于2010年提出了电子战协同与控制理念，旨在实现美国海军舰载、机载、无人机载、弹载电子战系统的协同与控制。

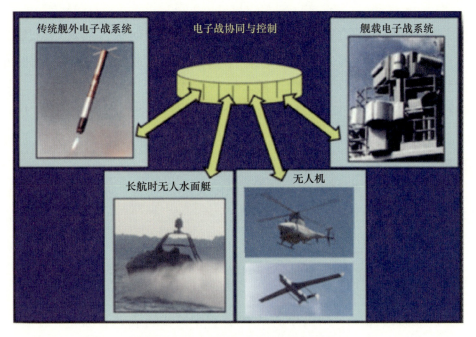

美海军电子战协同与控制示意图

美国国防部、各军种目前仍非常重视网络化电子战能力的发展，并开发了一系列项目（详见本篇其他部分描述）。

本书建议将网络化协同电子战发展划分为连通阶段、协同阶段、群体智能阶段、体系智能阶段四个阶段。其中，连通阶段和协同阶段又可归入"非人工智能时代"的发展阶段，群体智能阶段和体系智能阶段则可归入"人工智能时代"的发展阶段。这些阶段可以从多方面进行解读。需要说明的是，这些阶段划分的依据是技术（技术水平）

与战术（使用方式），而不是时间，因此没有明确的时间点划分。考虑到美军各军种在网络化电子战方面技战术水平不尽相同，甚至同一军种的不同项目的技战术水平也不尽相同（如 AOEW 和"复仇女神"），因此，会有技战术层面不同代际的项目、系统同时存在的情况。

连通阶段：为电子战系统建个网

这一阶段体现了网络中心战在电子战领域的萌芽，其观点也比较"朴素"，即先在电子战典型系统、平台之间搭建起诸如数据链等连通性手段，解决"电子战系统连接"这一基本问题，解决有无问题。由于处于网络中心战理念发展的初级阶段，因此，这一阶段的项目大多具备探索性特点，即主要出发点是"探究一下组网究竟能够为电子战带来哪些新增益"。

这一阶段的典型项目包括了 DARPA 的"狼群"项目，以及美国空军的"舒特"计划（前期研究阶段）。

协同阶段：以网聚能与释能

这一阶段体现了网络中心战在电子战领域的成熟与深化。在解决连通性的基础上，根据所连通的具体电子战平台、系统，打造既能支撑互操作、融合等需求（如射频级、中频级融合等需求），又能支撑定制化能力需求（如电子攻击、战场网络攻击等）的协同能力。

这一阶段的典型项目包括美国空军后期演示阶段的"舒特"计划和美国海军的先进舷外电子战项目。

群体智能阶段：智能驱动的群体对抗

随着人工智能的不断发展，电子战系统、平台等个体的智能化程

度越来越强大。再结合无人系统的广泛应用，逐步形成了一种以无人群体智能为主要特征的网络化协同电子战系统。与协同阶段相比，这一阶段的最主要特点就是个体、群体智能化不断提升，进而促进了电子战快速、高质量杀伤链的形成。

这一阶段的典型项目为 DARPA 的"小精灵"电子战无人机集群项目。

体系智能阶段：智能驱动的体系对抗

在应用于个体层级、群体层级的基础上，人工智能在体系层级上的运用也得到了越来越高的关注。相应地，网络化协同电子战领域也在朝着这方面发展，即从体系博弈的角度，充分结合人工智能与软件定义一切理念，实现电子战体系博弈、体系破击等能力的跨越式演进。目前，美军提出的"马赛克战"理念即是典型代表，其与电子战能力的结合将催生出全新的应用模式：不仅电子战自身能够更灵活地形成合力，还能够借此与联合作战深度融合并形成全电磁频谱作战能力。

这一阶段的典型项目为美国海军"复仇女神"项目。

结语

网络中心战理念的重要性在人工智能时代有望实现再次跃升，这对于网络化协同电子战领域而言，是突破现有诸多技战术极限的切入点。通过充分发挥网络中心战与人工智能这两大驱动力的作用，网络化协同电子战有望逐步实现真正的体系博弈能力，进而让整个电子战领域在现代化战争中的作用更加凸显。

对于网络化协同电子战领域而言，网络中心战与人工智能是一体两面的关系，双剑合璧，所向披靡。

网络化协同电子战： 电磁频谱战体系破击的基石

　　本篇主要对网络化协同电子战领域的未来发展进行展望，重点阐述了人工智能、决策中心战等理念给该领域带来的机遇，以及网络化协同电子战向算法博弈发展的可能性。

未来篇

柳暗花明：
人工智能时代网络中心战的转型契机

"原理篇"中说到，当前网络中心战面临着诸多困境，包括带宽资源始终稀缺、处理资源大多有限、数据体量没有上限、信息共享难跨密级、指控关系必须分层等。网络中心战面临的困境势必会给网络化协同电子战带来或多或少的"附带损伤"。例如，电子支援系统、信号情报系统收集的数据量越来越大，但用以支撑这类系统的网络带宽资源却越来越紧俏。这种例子有很多。

人工智能的崛起与网络中心战的转型契机

那么，网络中心战是否走到尽头了呢？

正如古诗有云，"山重水复疑无路，柳暗花明又一村"。在网络中心战之路貌似越走越窄的时候，人工智能领域的大潮忽然而至，硬生生为网络中心战冲出了一条新路（当然，这条新路还算不算是"网络中心战"，本文暂且不细究）。为什么这么说呢？如下图所示，该图对网络中心战与马赛克战（后文详述）的"价值链"进行了对比，可明显看出，人工智能在网络中心战基础上开辟出了一条新路。具体来说，受人工智能领域的冲击与推动，美军网络中心战理念面临重大转型机遇，而美军马赛克战理念的提出则有望为网络中心战转型指明方向。从图中可以得出如下结论：**一是当前电子信息领域价值链未突破网络中心战的价值链，即当前仍处于网络中心战阶段；二是人工智能领域（广义，含大数据、机器学习等领域）为网络中心战带来了自我完善、"华丽转身"的可能性**。

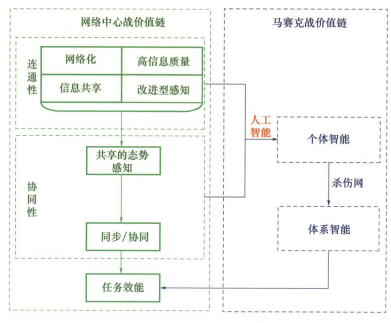

网络中心战与马赛克战"价值链"比较

当然，从通信角度来讲，马赛克战与网络中心战的核心差异在于，**马赛克战并不要求网络内所有实体都全时段连通**。先进的信息网络固然是马赛克力量设计的使能因素，但它并不寻求在所有时间连接所有实体。马赛克能力的相互依赖意味着它们必须有能力在需要时以高度自动化的方式进行连接。向网络中太多的实体分发过多的数据会让网络运行变慢，因为每个实体都需要过滤大量的信息来确定哪些是必要的。有时"少即是多"。在必要时让恰当的实体获得恰当的信息并不需要持续的连通性，而是需要充分借助人工智能带来的关联性来降低对连通性的依赖。

美军人工智能对电子信息领域的影响

放眼美军整个电子信息领域,近年来,其发展过程中人工智能的巨大影响力已经充分体现出来。顶层战略层面,美军强力推进基于人工智能的马赛克战理念;基础理论层面,美军不遗余力地推进网络中心战理念在人工智能时代的转型;基础设施方面,传统的指控通信计算机情报监视与侦察体系有望借助人工智能的强大驱动力实现革命性转型,转型为传感器、网络、人工智能;能力生成模式层面,传统上高度依赖单机、单平台性能的能力生成模式,在人工智能驱动下,逐步向系统之系统的灵活、快速能力生成模式转型;作战模式层面,人工智能驱动了从传统的单域"杀伤链"向多域/跨域"杀伤网"转型。

人工智能对美军电子信息领域的影响框架

1. 顶层战略:人工智能驱动向马赛克战转型

2017年起,DARPA战略技术办公室开始研究马赛克战这一新型的军事力量设计模式。总体来看,马赛克战的提出,是美军大国竞争转型的一种必然结果,或者说,马赛克战的主要潜在应用对象就是与美国实力相当的大国竞争对手。马赛克战指的是这样一种范式:它关注的是杀伤力,而非全系统优势。其中,系统优势通过比较不同系统之间的能力来衡量,而杀伤力则通过按需交付预期效能的能力来衡量(不管涉及的系统或系统之系统有哪些)。总之,马赛克战的终极目标是：作战人员一旦进入战场就能够立即利用手头可用能力合成其所需的作战效能，而且能够应对各种烈度的冲突（灰区作战、大规模正面冲突）。

2. 作战模式：人工智能驱动向"杀伤网"转型

2018年7月20日，DARPA发布了改编跨域杀伤网项目的跨机构公告，正式开始对"杀伤网"这种新型作战模式进行系统研究。这是DARPA坚持网络中心战理念转型、落实马赛克战的最主要举措之一，也是人工智能时代杀伤链转型的主要方向，"从杀伤链到杀伤网转型"有望成为美军很长一段时间内的主要军事变革方向之一。"杀伤网"理念是针对当前"杀伤链"存在的诸多问题而提出的。杀伤链与"杀伤网"的对比如下图所示。

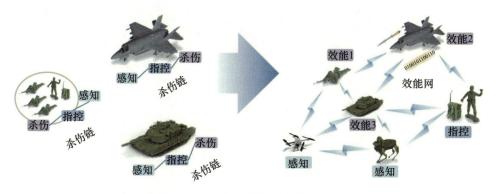

杀伤链向"杀伤网"转型示意图

"杀伤网"中，任意武器平台都可跨域获取任意传感器的信息，从而保持持续性作战优势。"杀伤网"由一些跨域节点组成，网上节点可以随时加入或退出，因为这是一种基于角色的联网方式，搭载何种平台不重要，重要的是生成信息的传感器。

3. "杀伤网"理念下的基础设施架构转型

电子信息领域基础设施也正经历深刻变革与转型。美军指出，在

人工智能技术的驱动下,传统的通信、指控、计算机、情报、监视与侦察(C^4ISR)架构正逐步向传感器、网络、人工智能(SNAI)架构演变。这种架构转型将大幅缩减战场上的物理要素,进而大幅提升作战效率与效能。**这种转型会将以电磁频谱为作战域的电磁频谱作战(尤其是认知化电磁频谱作战)和以人工智能为主要博弈手段的算法战这两种新兴作战形态推向前台**。C^4ISR 架构向 SNAI 转型还要经历一个短暂的任务控制、传感器、网络、人工智能、持续监测、目标瞄准(MCSNAIPMT)过渡阶段。

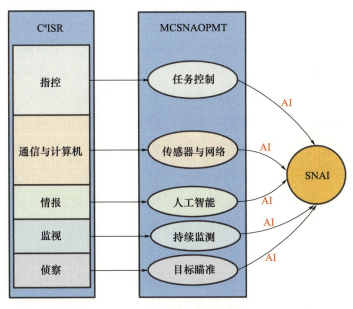

C^4ISR 向 SNAI 转型

马赛克战与网络中心战转型

马赛克战与网络中心战理念之间的关系可以归纳为:**马赛克战理念为人工智能时代网络中心战的转型奠定了理论基础,同时,马赛克战也将是网络中心战理念的转型方向**。

1. 马赛克战理念及其对网络中心战转型的驱动

2019年3月1日，DARPA战略技术办公室发布了2019年度战略技术跨机构公告，专门开发马赛克战相关技术。

DARPA关于马赛克战的描述如下：这是一种并行、大区域、机器速度（人工智能速度）的组合式作战方式，可以从认知层面碾压线性对手。具体来说，"马赛克战通过大量低成本系统（感知单元、决策单元、行动单元）的灵活、动态、多样化、自适应组合，按需形成预期效能，在多个域内对敌人实现同时压制，最终克敌制胜"。

美军马赛克力量设计的基本原则如下：将能力强大、功能多样的平台与其他解聚型系统相结合，这有助于增强协同作战能力，从而降低美国军事架构的脆弱性；解聚型平台价格更低，因此采购规模也比能力强大的平台大得多；用解聚型平台增强功能强大的平台，可加速未来力量设计的开发、测试与部署；建立一支由功能强大的平台和解聚型平台组成并能够以动态、协同方式作战的混合力量，这将使美国的规划人员和指挥官能够更好地根据整个冲突过程中的作战需求来调整其特遣队；美军必须扩大其力量架构规模，以提供保持主动性、防止对手适应其作战行动所需的区域控制和攻击密度；美国必须能够快速部署一支可组合力量，对未来对手实施"奇袭"，并拒止其预测和准备军事行动的能力；美国的网络和信息体系架构必须灵活、自适应、有弹性；美军未来的军事力量必须能够承受虚拟或真实的战争消耗；尽管对手会试图在所有层级的作战中破坏OODA环，但新型力量设计必须提供决策优势。

马赛克战力量设计方法是一个涉及采购、训练、技术、战术、流程、条令等诸多方面的体系工程。单纯从技术层面来看，马赛克战力量设计方法与过程的主要目标就是根据任务输入按需、临机组合杀伤网。根据美国DARPA自适应改编杀伤网项目的描述，杀伤网临机组合方法与过程如下图所示。

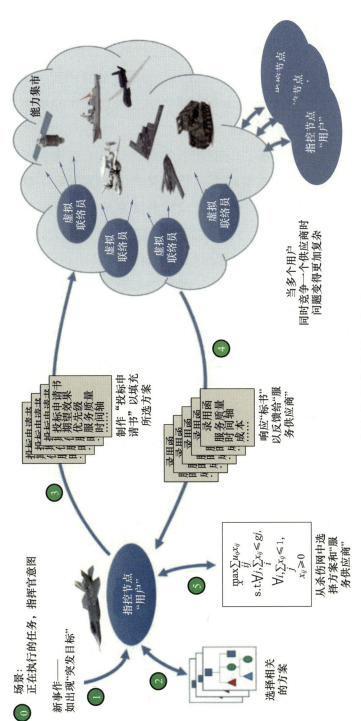

杀伤网合成过程示意图

2. 马赛克战背景下的网络中心战转型分析

马赛克战背景下的网络中心战理念转型主要围绕"连通度"与"关联度"之间的互补展开，可总结为"马赛克战利用其强大的智能化特性，利用高度的关联度充分解决网络中心战理念在战场应用过程中始终无法解决的全连通性难题"。

简单来说，在网络中心战模式下，网络能力（连通度）决定了打什么样的仗；在马赛克战模式下，智能化能力（关联度）和可用资源共同决定了打什么样的仗。也就是说，马赛克战模式下网络也被视作一种资源（与感知、决策、行动等资源一样），而且在认知引擎的调度下，网络资源能力的不足可以通过智能化能力来弥补。

具体来说，在马赛克战时代，网络中心战（主要是通信组网与指控能力）未来转型方向如下。

（1）通信方面的转型。一是从主要关注连通度向关注因果关联度（智能化程度）转型，即从主要致力于实现"连通度最大化"向人工智能条件下充分兼顾认知引擎的"关联度需求"转型；二是从面向平台级连通、系统级连通向面向体系级连通转型，即从以满足平台间、系统间的连通度为主要功能向以满足由多杀伤链、多杀伤网构成的体系的连通度为主要功能转型；三是从聚焦系统功能、网络性能向聚焦任务效能转型，即从聚焦基于系统工程的功能实现向聚焦基于任务工程的作战任务效能实现转型；四是从要求可靠、持续、全局、质量可保证的连通度向要求按需、灵活、局部、机会型的连通度转型，即从以实现可靠、持续、预先架设的、全局性的连通度为目标向以实现按需、灵活连通度为目标转型；五是从独立的网络向嵌入式网络转型，即从把网络作为一种独立的组网与通信手段向把网络作为系统固有属性转型；六是从集中式、集成式、同构式、大型多任务（全功能）式的作战力量向分布式、解聚型、异构式、小型化单一功能的作战力量转型。

（2）指控方面的转型。相较于网络中心战，基于马赛克战的未来

作战体系的运行模式与作战运用方面最核心的模式转型主要体现在指控方面,即充分借助人工智能实现人类指挥与机器控制的无缝融合。基于马赛克战的指控流程如下图所示。其中,人类指挥官根据上级指挥官的意图,运用作战战法制定出反映自身策略的总体行动方案。指挥官通过计算机界面确定由基于机器的控制系统来完成的任务,并选择对敌方部队规模和效能的估计值。基于机器的控制系统将通过识别出有共同利害关系并可以执行任务的部队,实施以场景为中心的指控与通信,并从中选择用于执行任务的部队。

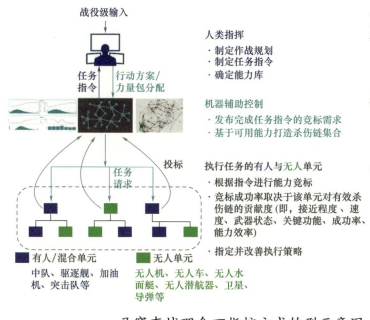

马赛克战理念下指控方式转型示意图

结语

人工智能浪潮给军事领域带来的巨大冲击仍在持续,马赛克战是美军在这种冲击下形成的主要成果之一。

考虑到本书的基本逻辑是"网络化协同电子战即是网络中心战在

电子战领域的具体应用",而本篇的基本逻辑可总结为"人工智能推动了网络中心战向马赛克战转型",那么,相应地,"马赛克战可以为网络化协同电子战带来哪些突破"就成为后续需要研究的问题。

后面将重点阐述这一问题。

决策制胜：
网络化协同电子战邂逅决策中心战

如上一篇所述，马赛克战作战模式可视作是网络中心战作战模式的一种补充或转型，核心在于价值链的不同（形象地理解，就是"价值观"不同），而马赛克战作战模式所代表的价值链体现的是一种"决策中心"的本质属性，以"决策制胜"为目标，即决策中心战。

马赛克战与决策中心战

马赛克战与决策中心战的关系可以从如下两个维度来简单阐述：**从马赛克战理念维度来说，决策中心战是其最终目标之一**，即马赛克战的最终目标是实现"以人工智能带来的复杂度实现对敌决策压制（为敌方制造决策困境）"；**从决策中心战理念维度来说，马赛克战是最主要的实现方式之一**，即决策中心战这一理念可以借助马赛克战这种分布式、灵活、自适应、智能化的新型作战模式，通过构建比敌方更多的"可选择性"来实现对敌决策的拒止、迟滞、破坏。

然而，关于二者之间的关系，有几点需要注意：**实现决策中心战这一目标，马赛克战不是唯一的手段**，例如，美国海军的电磁机动战

（下文将详述）理念就是以决策中心战为目标的战法，但不一定必须通过马赛克战方式来实现；同样，**决策中心战也不是马赛克战的唯一目标**，尤其是在马赛克战处于起步阶段的当前，其主要目标仍以网络中心战为主，即在实现功能解聚的基础上，以组网实现聚能、释能的目标。

严格来说，尽管马赛克战理念是美国军方提出的（DARPA 是主要倡导者），但美国军方并未提出，也未明确认同或不认同决策中心战理念。决策中心战理念主要是美国相关智库提出的，包括战略与预算评估中心、哈德逊研究所国防概念和技术中心等。换言之，决策中心战理念算是一个"野生的、三无的"理念。然而，该理念的重要性不可忽视，其重要作用主要体现在两方面：其一，把马赛克战这种新型作战模式上升到了理论高度；其二，为网络中心战理论的未来发展开拓了一条新路。

那么什么是决策中心战呢？相关报告中都没有给出明确的定义，而只是从特点、目标等角度进行阐述。在综合这些阐述的基础上，可大致对决策中心战进行如下界定："**决策中心战是一种面向决策优势的作战理念，主要依赖于场景中心型指控与通信基础设施、马赛克战作战模式、人工智能技术基础来实现对敌决策压制。**"当然，这只是一种简单的描述性界定，从理念本质出发的精准定义尚待后续研究。

小贴士：漫谈 OODA 环与决策中心战 / 马赛克战

说到决策中心战，就不得不说一下"决策"这一理念；说到决策，则不得不说一下经典且大名鼎鼎的"观察 – 判断 – 决策 – 行动环"（OODA 环）。

OODA 环是美国空军战斗机武器学校教官博伊德提出的。其核心理念在于，空战的胜利不取决于各个战斗机的性能，而取决于快速机动能力,即敌我双方飞行员所拥有的认知能力以及OODA环的相对速度。OODA环示意图如下所示。具体来说,OODA环通过观察环境来收集信息,并以该信息为基础,用环境引导自己,做出决策并采取行动,行动会产生下一个响应,开启下一个循环。

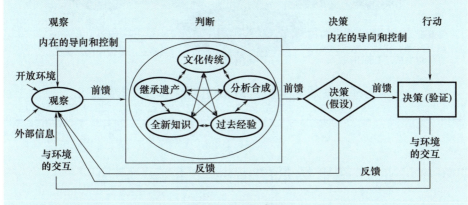

OODA环示意图

由以上描述可知,决策中心战理念中的"决策"二字是一个广义的概念,而不是OODA环中狭义的"决策"(D)环节。如果拿决策中心战理念与OODA环理念进行对比,决策中心战中的"决策"指的是"整个OODA环的所有环节"或者"整个OODA的闭环过程"。

马赛克战/决策中心战对敌OODA环实施压制的过程如下描述:"和敌人竞争时尽量加快闭环过程。如果这样,敌人会对一些无关的情况做出响应,进而在决策和行动上产生错误。随着时间的流逝,这些错误会组合在一起,并最终导致敌人行动的恶化。"马赛克战/决策中心战对敌方OODA环的影响如下图所示。

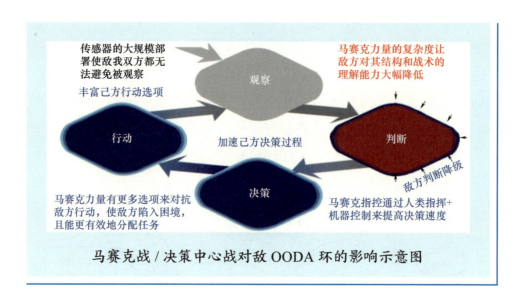

马赛克战/决策中心战对敌OODA环的影响示意图

决策中心战"基于场景的指控与通信"特点

从指控与通信角度来看,决策中心战的"基于场景的指控与通信"(亦称"场景中心型指控与通信")能力的目标不仅仅是实现连接(网络中心战的指控与通信主要是实现连接),而是**提供可选择性**。指控工具生成能创造和维持可选择性的行动方案,以提高自适应性,并给对手增加复杂度。

1. 与网络中心型指控与通信的差别

目前,美军的指控理论依赖于分层结构,在这种结构中,指控集中在高级指挥官手中,指令、资源和授权都通过指挥链向下传递,实现分散执行。当指挥官的责任区域范围内通信畅通,并且有足够的信息吞吐能力来传输传感器数据、分析结果、命令和反馈时,这种分层指控方法非常有效。当通信情况恶化时,低层级指挥官就需要行使任务指挥权。

然而,当通信恶化导致低层级指挥官无法联系高层级指挥官时,

若没有部署决策支持能力，就无法帮助低层级指挥官利用美军日益多样性的分散部队来执行任务。

考虑到未来冲突可能发生在高对抗性电磁作战环境中，美军将越来越依赖于任务式指挥。因此，美军正寻求一种更全面的指控与通信方法，以平衡通信方面和指控工具方面的投入，这种新方法即是基于场景的指控与通信方法。**这种方法的核心理念不再是"确保足够的通信可用性"，而是"根据通信可用性来调整指控关系"**。以网络为中心的战场体系结构和基于场景的战场体系结构之间的比较如下图所示。

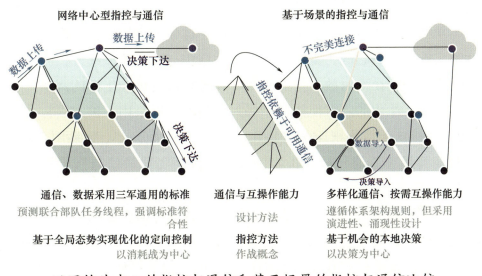

以网络为中心的指控与通信和基于场景的指控与通信比较

2. 主要特点分析

具体来说，与网络中心型指控与通信相比，基于场景的指控与通信主要具备如下几方面特点。

（1）动态重构，即基于场景的指控与通信更强调基于场景的重构能力。指控与通信体系结构需要利用物理载体进行数据传输；需要网络结构来管理指挥官、传感器和效应器之间的数据传输；需要信息架构将数据组织成有意义的形式；需要应用程序（如决策支持工具）来评估信息。上述需求，是网络中心战和决策中心战对其指控与通信体系提出的"通用性"需求，而且目前的技术也基本上可以满足这些需求。然而，决策中心战理念还对指控与通信体系提出了"定制性"需求，即在确保决策中心战"可选性优势"的同时，在对抗性环境（"场景"）中实现力量和网络的动态组合与重构。这也是基于场景的指控与通信的核心要求之一。

（2）指控与通信一体化，即兼顾树状指控与网状通信的一体化。与网络中心战指控与通信体系将侧重点放在"通信"（连通性）不同，决策中心战所采用的基于场景的指控与通信兼顾了指控与通信的双重功能，并致力于实现指控与通信的一体化。换言之，要确保可选性和实施决策中心战，就必须确保指控结构与通信的一致性，而不仅仅是构建一个在面对敌方协同干扰和物理攻击时仍能生存的网络。指控与通信一体化的需求使得基于场景的指控必须采用一种"混合式体系结构"，这种结构把网络方法和分层方法相结合，从而使指挥部能随时找到最合适的作战人员实施决策，进而实现通信与指控的无缝协同。

（3）智能决策，即基于人工智能实现快速、高质量决策。与从头开始处理每种新情况相比，使用类似推理的方法可以更快地评估潜在的选项，由此大幅扩展指挥官的决策空间，并最终使其"可选择性"能够尽可能持久。如果使用人工智能算法在无监督的情况下制定行动方案，则可以实现快速、高质量决策。

（4）平战结合，即在平时和战时同样有效、高效。基于场景的指控与通信的可选性概念适用于从平时到战略作战等多个作战层级，能够支持从战略到工业能力发展和部队的战术行动。基于场景的指控与通信体系的能力有助于扩展在每个层级上执行任务时的决策空间，而不是仅仅在执行作战任务期间。

（5）灵活组织，即力量组织方面更加灵活。基于场景的指控与

通信所带来的可选性是决策中心战获得优势的关键，但如果仅仅部署一支更为分散的部队并使用该部队的工具，只能稍微提高对敌复杂度和自适应性，而且前提是这支部队每次独立作战行动的成功率都很高（显然，这在实际作战过程中是难以保证的）。因此，基于场景的指控与通信在确保"形散"（功能分散）的同时，还必须确保"神不散"，即，灵活决策、组织，以尽可能长久地扩展指挥官的选择空间。

（6）人机结合的指控方式，即采用"人类指挥＋机器控制"的方式实现。美军当前实施的是由人员管理和条令驱动的指控流程，这种流程运行缓慢，缺乏快速制定行动方案的能力，这些行动方案整合了大量分散的作战单元来执行不断变化的任务。基于场景的指控方法则通过将人类指挥与机器控制结合起来，解决了人员驱动规划不足的问题。"人类指挥＋机器控制"实施过程中，人类指挥官负责确定任务、设置约束条件、确定优先顺序、明确可用部队；机器驱动决策支持系统，制定建设性的行动方案。综上所述，一个更分散的部队和一个由机器支持的指控流程可更快做出决策。

（7）任务式指挥，即断网不断任务。基于场景的指控这种"人类指挥＋机器控制"的工作模式还可以很好地支持美军"任务式指挥"的概念，即低层级部队的指挥官可以充分发挥其主动性和创造性，即便在通信中断的情况下也可以理解高级指挥官的意图。随着美军分布式程度越来越高，在没有规划参谋的情况下，低层级指挥官创造性运用部队和系统的能力会减弱。因此，在与上级指挥部联系中断时，低层级指挥官们可能会回到敌人可以预见的习惯或战术上来，进而导致作战失利。机器辅助型决策支持系统可避免这种可选性的损失，使低层级指挥官能够随机应变，制定出人意料的行动方案。

基于决策中心战的电子战：电磁机动战

决策中心战理念虽新，但如果纯粹从理念层面来讲，在该理念出现之前电子战领域其实已经出现过了类似的理念,即美国海军提出的"电磁机动战"理念(附带说一下,"网络中心战"理念也是美国海军提出的)。该理念具备非常明显的决策中心战特点,该理念认为,在电磁频谱作战过程中,重要的不仅仅是**"火力"**(电子支援、电子攻击、电子防护)较量,而是**"机动能力"**(OODA 闭环的速度、质量)的较量。

作为远征部队,美军在电子战和电磁频谱作战方面具备"天生的"劣势:平台移动性更高、分散性更高、空间有限、功率低、作战环境对抗性强。因此,在面对大国竞争时,美军比依赖本土作战的对手更关注电磁机动战能力。

在上述大背景下,2014 年 10 月,美国海军舰队司令威廉·戈特尼批准了美国海军电磁机动战作战方案,之后呈交美国海军作战部长批准。根据美国海军作战部长在众议院武装部队委员会面前所做的陈词,电磁机动战是一种新型作战手段,其目标是"增强己方在电磁频谱内自由机动的能力,同时拒止敌方的类似能力"。

从战术层面来讲,机动战远非"进行移动以获取位置优势"这么简单,在电磁频谱领域内亦是如此:电磁机动战更关注的是一个更优化的、更快闭合的"OODA 环"。电磁机动战实际上是一个时域、频域、网络域内的"竞争性适应能力环",其核心理论也符合 OODA 环理论。从下图中可以看出,OODA 的闭环速度、闭环准确性对于实施一次成功的电磁机动战至关重要;还可以看出,电磁机动战的机动时间取决于 OODA 环闭环的速度、传感时间、处理时间、分析时间。

然而,电磁机动战是一个敌我双方动态博弈的过程,因此仅考虑己方的机动时间还不够,必须从博弈的动态性来考虑。动态性也因此成了电磁机动战的主要特性。综合考虑敌我双方动态博弈过程的情况下,机动 – 攻击比(μ/ρ)并非越大越好,等于 1 的状态才是最佳状态,如下表所列。

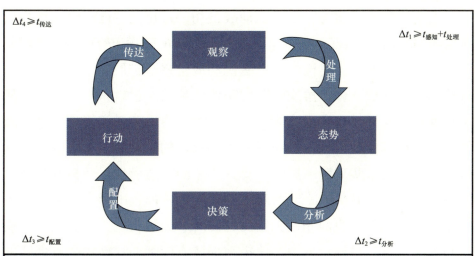

Δt_1: 从观察到生成态势所用时间，取决于传感时间和处理时间；
Δt_2: 从生成态势到决策所用时间，取决于自主决策分析时间；
Δt_3: 从决策到行动所用时间，取决于设备配置时间；
Δt_4: 从行动到重新观察所用时间，取决于新配置系统的传达时间。

电磁机动战的 OODA 环

不同情况下的电磁机动战效能

想定	机动-攻击比 (μ/ρ)	作战效能
己方机动闭环速度较敌方更慢，即己方无法跟上敌方抵抗行动	<1	电磁机动战效能降级或完全失效
己方机动闭环速度较敌方更快，但传感、处理、决策等环节出错	≤1	尽管机动闭环很快，但由于无法做出正确的机动决策，导致电磁机动战效能降级或完全失效
己方机动闭环速度较敌方更快，且传感、处理、决策等环节正常	=1	此时敌我双方处于一种均衡状态，电磁机动战效能亦处于不变的状态（"维持"状态）
传感、处理、决策等环节正常，但己方机动脱离了敌方的机动；（"跑错步点"）；或者，己方做一些无谓的机动	>1	尽管己方机动得更快，但由于大多数机动都是无效的，因此，效能最多也就是处于"维持"状态，有时还会降级
备注：μ 表示己方机动措施；ρ 表示敌方抵抗措施。		

综上来看，美国海军电磁机动战最初的定位是**"电磁频谱作战决策层面的机动"**。然而，随着电磁战斗管理与电磁频谱管理等"管理要素"不断走向融合，美国海军电磁机动战也逐步扩展到了**"决策机动与技术机动两位一体、层次性"**的新概念架构。也就是说，由电磁战斗管理系统与技术来实现决策层面的机动，由电磁频谱管理、电磁战等系统与技术实现以技术机动落实决策层面的机动。美军可以利用电磁频谱机动战来实现跨域影响，提升美军的自适应性以及提升敌方应对的复杂度。CSBA 在《制胜无形之战》研究报告中指出，机动战主要通过两种机制来克敌制胜：错位，使对手无法实现其目标或在预期时间内实现这些目标；分裂，使机动部队直接削弱和破坏敌方部队的凝聚力。这两种方式均可用于电磁机动战。

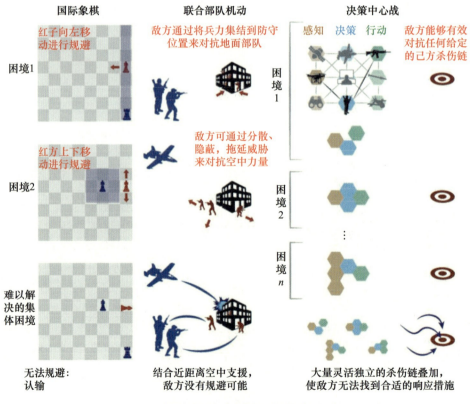

电磁频谱内的机动方法

结语

网络中心战、马赛克战、决策中心战、电磁机动战、认知电子战、基于场景的指控与通信等一系列新理念都从不同层面对网络化协同电子战产生了一定影响。

这些影响让网络化协同电子战朝着一个相对确定的方向发展,这个方向的主要特征之一就是"决策制胜"。这种特征可视作对战争本质特征的自然回归,即《孙子兵法》所说的"上兵伐谋"。

"上兵伐谋"的时代,网络化协同电子战已经实现了化蝶式的蜕变,包括:博弈重点从围绕感知、连通性博弈向着围绕决策、算法博弈转变;博弈方式从围绕打造"杀伤链"向打造"杀伤链非线性组合"(杀伤网)转变;博弈目标从系统对抗到体系破击转变。

转变之后的网络化协同电子战会是什么样子呢?后续章节将通过对"算法战""电子战杀伤网"的研究向读者展示。

上兵伐谋：
算法博弈

如上一篇所述，决策中心战的"决策制胜"理念最接近"上兵伐谋"理念。具体到网络化协同电子战领域亦是如此：**其最终目标是"决策压制""体系破击"**。或者更具体来说，就是在**通过网络化协同、人工智能等方式确保己方电子战系统形成体系的情况下，实现对敌基于网络化协同、人工智能的体系的破击**。

接下来就阐述一下"未来网络化协同电子战如何实现上兵伐谋"这一问题。

新概念对网络化协同电子战的影响

那么，马赛克战、决策中心战、人工智能等对网络化协同电子战的影响具体体现在哪些方面呢？

其一，从博弈重点的角度来看，网络化协同电子战必然、必须向**算法博弈转型**。网络化协同必须与人工智能深度融合，并充分融合马赛克战理念、决策中心战理念，以共同推动电子战向前发展，从任务系统层（单体智能电子战）、任务网络层（群体智能电子战）向体系层（体系智能电子战）转型。转型后的网络化协同电子战将从围绕态势感知（雷达感知、光电感知等）、连通性（通信、组网等）等的博弈，向围绕"基于人工智能的决策"的博弈转型。

其二，从博弈方式的角度来看，网络化协同电子战必然、必须向**体系博弈转型**。新概念对网络化协同电子战的影响不仅仅体现在电子战自身有望摆脱网络中心战的"桎梏"（突破梅特卡夫定律限制），更多地体现在从平台对平台、网络对网络向体系对体系的方向发展。未来网络化系统电子战发展的指导理念必须从体系博弈（以己之体系对敌之体系）的角度来对电磁频谱作战的整个战场进行全局考虑，而不应仅仅从一个平台的能力、一个场景的得失等战场局部来考虑。

"网络化 – 智能化任务价值交换"猜想

新概念带来的上述影响都与人工智能密切相关，本部分阐述一个个人的猜想，姑且称为"网络化与智能化任务价值交换"猜想或"连通性 – 关联性任务价值交换"猜想。简单来说，该猜想的核心理念是**"在实现任务目标或者达到任务预期效能方面，集群的网络化程度（带宽/速率）的价值与集群/个体智能化程度（因果关联度）的价值可以互换"**。这种猜想的示意图如下图所示。从图中可以看出，该猜想还可以更简单地描述为**"随着集群/个体智能化程度的提升，完成相同任务的网络化程度需求会降低"**（该猜想基于笔者近期的一系列直觉观察，从理论或技术层面进行证明已经超出了本书的描述范围，也超出了笔者的能力范围。然而，笔者非常希望有相关领域专家能够通过各种方式来证实或证伪该猜想，如果能够证实，最好再给出该猜想成立的边界条件，以及智能化程度提升与网络化需求降低之间的具体关系）。

总之，如果上述猜想成立，那么，单纯从技术角度来讲，相关新概念对网络化协同电子战的影响大都可以归结为人工智能技术的影响，因为**正是人工智能让网络化协同电子战从关注"连通性"（带宽/速率）向关注"关联性"（智能化程度）转型**。因此，"未来网络化协同电子战如何实现上兵伐谋"这一问题，实际上就变成了"未来网络化协同电子战如何实现反人工智能"的问题。考虑到人工智能的核心

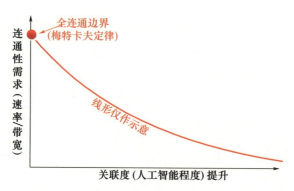

"网络化与智能化任务价值交换"猜想示意图

是其"算法"(广义上的),因此,上述问题又可以归结为"算法博弈"的问题。

"上兵伐谋"的核心是"算法博弈"

如上所述,网络化协同电子战的未来发展将逐渐演变、聚焦为"算法博弈"。那么,"算法博弈"是什么、涉及哪些关键技术呢?下面就简单阐述一下这些问题。

考虑到广义的"人工智能"主要依赖于"算法、算力、数据"来实现,因此,本部分主要从这几个角度出发,研究"算法博弈",即针对人工智能算法、算力、数据的感知、防护、反制理论、方法、技术。更具体来说,"**算法博弈指的是在感知、反制对手人工智能算法、认知化装备的同时,保护己方人工智能算法、认知化装备免遭敌感知、反制**"。利用人工智能三要素存在的缺陷,通过有意操纵敌数据、篡改敌算法、消耗敌算力等手段,以便在误导敌系统推理、感知敌算法/算力/大数据层面的漏洞、降低敌系统性能、瓦解敌基于人工智能OODA环的同时,保护己方人工智能系统免遭敌发起上述攻击。

下面从机器学习算法、大数据、运算能力三方面介绍算法博弈的关键技术群。

1. 机器学习算法博弈技术群

在算法博弈中，机器学习算法层面的博弈是最核心、最重要、最本质的博弈，算力、大数据层面的博弈可视作是算法层面博弈的扩展与外延。

机器学习算法博弈技术群的主要作用是：感知敌人工智能体系中个体或体系的算法层面脆弱性，并针对该脆弱性开展针对性的攻击，进而实现算法篡改、OODA 环瓦解、系统性能削弱等目标，最终获取算法优势。该领域的典型技术包括对抗学习技术、机器学习系统攻击与误用技术等，具体包括算法支持技术、算法攻击技术和算法防护技术。

2. 大数据博弈技术群

大数据是指其大小超出了典型数据库软件的采集、存储、管理和分析等能力的数据集合。数据是支持信息系统正常运转的关键要素，是实施未来作战的根本支撑。努力增强数据保障能力，提高未来作战中大数据的应用效益和水平，是形成基于信息系统的体系作战能力的重要环节。

在算法博弈中，大数据层面的博弈是外围的、具备向内渗透性的、容易开展且潜在效能很强大的一种博弈手段。大数据博弈技术群的主要作用是：感知敌人工智能体系中个体或体系的数据层面脆弱性，并针对该脆弱性开展针对性攻击，进而实现数据操纵的目标，并同时保护我方大数据，最终获取数据优势。

该领域的典型技术包括数据行为感知技术、数据污染攻击技术、诱发性攻击技术、探索性攻击技术、规避攻击技术、完整性攻击技术等，具体包括大数据分析技术、大数据攻击技术、大数据防护技术。

3. 运算能力博弈技术群

在算法博弈中，运算能力层面的博弈是中间层的、具备内外渗透性的、难度相对较高的一种博弈手段。

运算能力博弈技术群的主要作用是：感知敌人工智能体系中个体或体系的运算能力层面脆弱性，并针对该脆弱性开展针对性攻击，进而实现运算能力消耗等目标，同时保护我方运算能力，最终获取运算能力优势。

该领域的典型技术类似于无线传感器网络攻击中的睡眠剥夺攻击等，只是针对的作战对象从"通信波形算法支配下的能耗规律"转变成了"人工智能算法支配下的运算能力消耗规律"。目前该领域的研究相对较少，但考虑到算力博弈效能具备内外双向的渗透性，预计相关研究的发展前景非常广阔。

算法博弈对未来电磁频谱领域内战争的影响浅析

算法博弈无疑会对未来战争产生深远影响，下面稍作总结。

1. 算法博弈对电磁频谱领域内博弈理论的影响

从算法博弈角度来看，对电磁频谱领域内博弈理论的影响主要体现在如下几方面：博弈的焦点从个体博弈（节点级）、群体博弈（网络级），向智能博弈（算法级）转型；博弈的效能从断链、瘫网、破传感器等系统级破坏，向瓦解 OODA 环、操纵数据、篡改算法、消耗算力等体系级破坏转型；博弈的对象从电磁信息与数据处理的环节与效应（电磁信息产生、传输、处理等），向电磁信息与数据体系聚能与释能的环节与效应（人工智能算法、算力、大数据分析）转型。

2. 算法博弈对电磁频谱领域内智能化技术的影响

人工智能给军事领域内的应用带来了跨代能力提升的机遇，其给不同层级、不同领域应用带来的能力提升以及对信息化时代战争的影响也不尽相同。

从应用层级来看，当前人工智能在电磁频谱领域的主要应用仍停

留在相对较低的层级，即个体级（实现系统的单体智能）、网络级（实现网络化系统的群体智能）。这两个层级的应用也在单体、群体能力提升方面取得了一系列显著成就，相关技术发展也以人工智能为契机突破了大量的瓶颈问题，取得了显著的性能和效能提升。

然而，若从算法博弈角度来看，对电磁频谱领域内智能化技术的影响主要体现在从系统级、网络级应用，向体系级（系统之系统级）应用（尤其是博弈类应用）扩展。

3. 算法博弈对电磁频谱领域内作战战法的影响

尽管人工智能正飞速发展，但当前电磁频谱领域内作战战法仍以基于网络中心战的方式来组织，即通过一个网络中心环境，所有的电磁频谱装备、系统、平台可以通过空口就近接入其中，并获得"全连通"能力。

然而，近期随着马赛克战等理念的提出与发展，一种基于分布式人工智能的、面向算法博弈的后网络中心战时代的作战战法浮现出来。从算法博弈角度来看，未来电磁频谱领域内的作战战法必然是一种基于算法博弈的新战法，即朝着"算法体系破击战"的方向发展。

4. 算法博弈对电磁频谱领域内系统装备的影响

算法博弈对电磁频谱领域内系统装备的影响可催生出一种新的系统装备通用架构，即"射频数字化＋功能软件化＋处理智能化"的通用架构。这种架构可大幅简化传统电磁频谱信息系统的硬件组成，代之以强大的处理与运算能力，最终大幅提升系统的通用化、灵活性、智能化程度。

结语

算法博弈的发展有着非常鲜明的时代特色，充分契合了电磁频谱领域的发展规律，即"模拟化→数字化→软件化→智能化"。各阶段的发展为算法博弈的实现奠定了理论基础，不同阶段内，电磁频谱领域的攻防博弈模式也不尽相同，大致可归结为"信号战→比特战→波形战→算法博弈"等几个阶段。当前以及未来相当长的一段时间内，电磁频谱领域所处的技术阶段可视作"软件化与智能化共存"的阶段，而该阶段电磁频谱领域内的主要攻防模式就是算法博弈。这也是网络化协同电子战最终落脚点选择算法博弈的根本原因。

本篇重点阐述网络化协同电子战未来可能的发展目标，即打造电子战的"杀伤网"。

终 篇

网之轮回：
从杀伤网（Network）到杀伤网（Web）

在各种新理念、新理论、新技术纷至沓来的时代，单纯依靠网络化协同已无法充分发挥电子战的潜力。尤其是诸如马赛克战等分布式、灵活、解聚型、任务式新作战模式的涌现，势必对"电子战效能发挥的方式"带来颠覆性影响。

简单来说，如果把基于网络中心战理念的网络化协同电子战的电子战效能发挥方式（以网聚能、以网释能）称为"打造电子战的杀伤网（Kill Network）"，那么基于决策中心战/马赛克战的电子战效能发挥方式就可以称为"打造电子战的杀伤网（Kill Web）"。尽管都称为"网"，但二者有着明显差别：前者强调为电子战效能发挥打造一个底层的基础设施，是个**"名词"**；后者强调以一种不同于传统杀伤链的新的逻辑来更灵活地发挥电子战效能，是个**"动词"**。

"杀伤链"概述

要弄清楚杀伤网的概念，必须得从杀伤链（Kill Chain）说起，因为二者有着非常密切的关系（后文将详述）。

那么，什么是杀伤链呢？

其实，关于杀伤链并没有一个明确的定义。然而，其概念界定非常明确，即"**杀伤链是一个时序概念，而非链路概念**"。正如美国空军 Hawk Carlisle 上将所说，杀伤链就是"**战斗人员进入战场到被敌方武器逼近之间的时间**"。杀伤链会包括很多的环节（link，同样，不是"链路"），如指控、通信、探测、截获、跟踪、射击、武器拦截、撞击等。这些环节必须实现快速、高质量闭环才能真正发挥作用；同样，若要在战场作战过程中获取胜利，必须"打断敌方杀伤链"。

杀伤链最早于 1996 年由美国空军参谋长福格尔曼上将提出，从最初仅包含"发现、确定、跟踪、交战"等环节，逐渐演进成为包含"发现、确定、跟踪、瞄准、交战、评估"（F2T2EA）等更加细化的环节。这种杀伤链描述在美军参谋长联席会议发布的联合条令《JP 3-60：联合目标瞄准》中得到了更为系统、规范的阐述。该条令中的描述如下图所示。

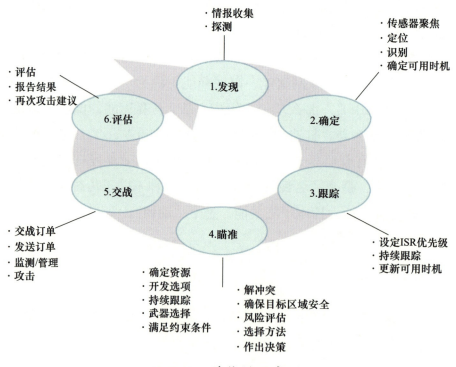

F2T2EA 杀伤链示意图

由上述可知，杀伤链是一个相对灵活的概念。首先，**不同领域有不同的杀伤链**，而且，即便是同一领域内，也会有不同的杀伤链，例如，地面作战、空中作战、多军种联合作战、利益相关方统一行动等不同作战模式下，就分别采用了不同的杀伤链。

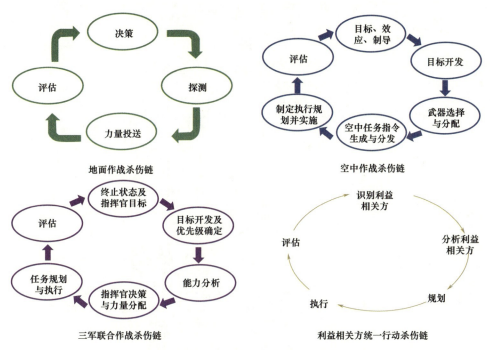

不同领域采用的杀伤链有所不同

此外，从不同的维度出发，能打造出不同类型的杀伤链，例如，传统上比较经典的杀伤链包括基础杀伤链、顽存性杀伤链、功能性杀伤链等。

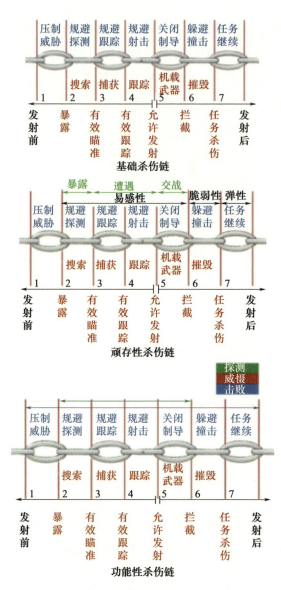

基础杀伤链及其衍生杀伤链

网络化协同、人工智能与杀伤链的关系浅析

本书其实一直在阐述这样一个观点，即"人工智能＋网络化"会

是网络化协同电子战在相当长一段时间内的发展趋势，那么，网络化协同、人工智能与杀伤链之间是什么关系呢？

从网络化协同角度来看，网络化协同是构建杀伤链的物理基础。可以从如下几个方面来解读：首先，杀伤链的闭环过程中很多**环节的转换需要网络化环境的支持**，例如，电子战领域内，从电子支援到电子攻击，都需要基于网络的攻击引导能力；其次，杀伤链中的**环节本身也需要网络化环境的支持**，例如，电子战领域的电子支援、电子攻击本身也都需要通过网络化来提高效能；最后，**杀伤链自身的高速、高质量闭环，以及通过杀伤链打造杀伤网的过程，都需要网络化环境的支持**，例如，杀伤链通过非线性方式组合成杀伤网的过程中，很多场合需要网络化环境。网络化协同与杀伤链的关系如下图所示。

网络化协同与杀伤链的关系示意图

（红字为杀伤链环节，蓝字为网络化协同需求）

从人工智能角度来看，人工智能是大幅提升杀伤链性能的技术基础。可以从如下几个方面来解读：首先，**杀伤链环节性能大幅提升**，例如，在发现环节，可以借助大数据管理、模糊推理型数据融合、基于案例的推理等人工智能技术，分别在数据收集环节对数据进行预处理，在初始检测子环节检测数据中的异常，在威胁识别子环节检索相类似的案例；其次，**杀伤链环节转换性能大幅提升**，传统杀伤链的环节转换过程中，通常会有很多的人类因素介入，导致转换效率低下、质量不高，而借助人工智能，这种现象可以得到很好的解决；再次，**杀伤链整体闭环性能大幅提升**，没有人工智能技术参与的情况下，杀伤链闭环速度、闭环质量都普遍较低，在战时容易导致贻误战机，会遭受具备决策中心战能力的对手的决策压制，因此，基于人工智能的杀伤链整体性能会得到全面提升，可满足马赛克战、决策中心战时代的技战术要求；最后，**基于杀伤链智能组合的杀伤网体系性能大幅提升**，人工智能不仅能够在杀伤链性能提升方面提供强有力的基础，还可以在杀伤链向杀伤网转型的过程中起到非常重要的作用，即基于人工智能实现杀伤链的分线性组合，进而打造高质量杀伤网。

电子战杀伤链

那么，电子战杀伤链是什么样子呢？

总体来看，由于电子战的环节非常明确（即电子支援、电子攻击、电子防护），而且从顶层来看，电子战与其他作战模式没有太多的差别之处，因此，电子战杀伤链可以直接移用经典的杀伤链模型，如OODA模型、基础杀伤链模型等。

下面首先以美国陆军电子战杀伤链为例，进行简单阐述。美国陆军在电子战战法系列条令中，一直采用"探测、攻击、评估、决策"模型打造其电子战杀伤链。2019年7月，美国陆军发布了《ATP 3-12.3：电子战战法》条令，以替换2014年版的《ATP 3-36：电子战战法》，其中就以该模型构建了美国陆军电子战杀伤链。需要说明的是，由于美国陆军近年来一直倡议将电子战与赛博空间作战融合在一起，以打造赛博电磁行动这种新理念，因此，该杀伤链严格来说应该是"赛博电磁行动杀伤链"。

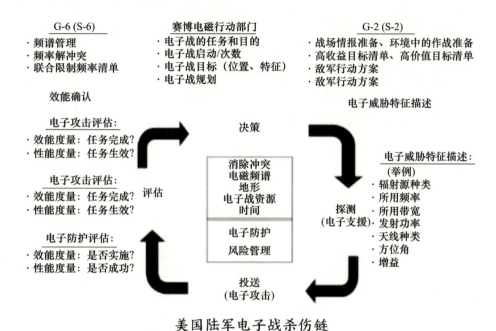

美国陆军电子战杀伤链

此外，还有专家专门针对电子战杀伤链范式进行了研究，该范式的构建以越南战争时期美国海军研究生院的罗伯特·鲍尔博士首先提出的"7环节顽存性杀伤链"为基础，结合了电子战作战专有的环节（电子支援、电子防护、电子攻击，其中电子攻击又细分为反搜索、反截获和反跟踪三类），并重点针对摧毁性、扰乱性两类特定的威胁。以此建立起来的电子战杀伤链范式如下图所示。

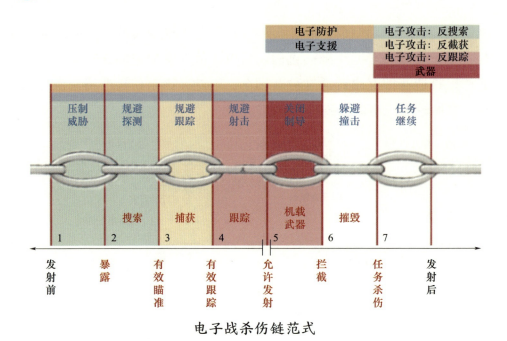

电子战杀伤链范式

电子战杀伤网

关于杀伤链与杀伤网的关系,可简单描述如下:"**杀伤链可视作杀伤网的一种特例,即线性、链式杀伤网即是杀伤链**"。反过来讲,"**杀伤网可视作离散式(分布式、解聚)、演进型(基于人工智能的自升级)、涌现型(基于人工智能的动态自适应效能生成)、非线性版本的杀伤链**"。具体来说,"杀伤网"理念是针对当前"杀伤链"存在的诸多问题而提出的。这些问题包括风险集中于单个平台、杀伤链易受敌方动态演进杀伤链攻击、升级困难、难以实现跨域应用。相对应地,"杀伤网"则具备风险分散、具备演进能力、可快速升级、可跨域应用等优点。

那么,具体到电子战领域,其杀伤网该如何构建、构建起来的杀伤网又会是什么样子呢?下面在参考美国DARPA"自适应跨域杀伤网"项目的基础上,结合电子战的专业特点与专有环节,以及综合考虑网络化协同在杀伤网构建过程中所起到的重要作用，构建起如下图所示的电子战杀伤网。需要说明的是，该杀伤网仅作示意，结合特定的作战场景，电子战杀伤网会产生针对性的适应性改变。

电子战杀伤网示意图

同理，根据 DARPA 自适应跨域杀伤网所采用的分布式杀伤网构建方式，电子战杀伤网的构建也可以参考该方式，如下图所示。需要说明的是，尽管图中描述的貌似是一种"静态杀伤链"，实际上，如果把时间因素引入进来，利用图中所示的方法就可以构建一个非常复杂的"非线性杀伤网"。例如，某一时刻实施的是通信干扰脚本，而下一刻新出现了一个雷达威胁触发新事件，那么，就需要同时实施通信干扰、雷达告警、雷达干扰甚至反辐射打击等多个脚本，进而会同时构建出多个电子战杀伤链，而且这些杀伤链又会以一种非线性方式实现临机组合，并最终打造出了一个相对于敌方而言非常复杂的电子战杀伤网。这也是为何在电子战杀伤网构建过程中很多环节必须基于人工智能的原因所在。

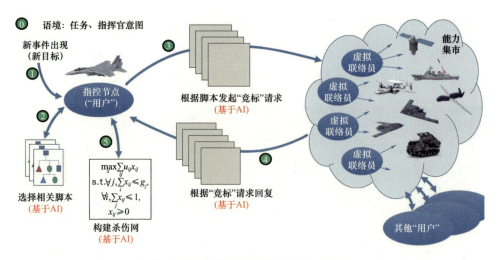

电子战杀伤网构建方式示意图

结语

至此，整本书已经完本，以"网络（Network）"始，至"网络（Web）"终，完成一次轮回，也算有始有终。

整个写书的过程中，深深体会了一把爬山的感觉：登顶之前，规划了一条自以为不会更改的登山之路，并且充满了执着；开始登山之后，才发现登山之路一直在变化，既有主动变道，也有不得已变道，世事无常；真正登顶之后，发现其实登山之路并没有那么重要，殊途同归。

回过头来再看，豁然开朗，每一条都是最好的路。

后　记

细推物理须行乐，
何用浮名绊此身

　　打出这几个字的时候，思绪万千，是真的思绪万千。想想从当年各位前辈耳提面命，极言网络化协同电子战对于整个电子战领域之重要性以来，已倏忽十余载。现在方才动笔，深感愧对前辈之教导。尤其是想起师父每每念及其得意之作"网络中心电子战"未能得到专家认同之遗憾，更是羞愧难当。

　　还好，终究狠下心来，经历了这一个或许并不能算一帆风顺的旅程，完成此书。《荀子》有云，"不积跬步，无以至千里"，决定迈出一步，终究比原地踏步要好。

　　其实，之所以迟迟不敢动笔，终究是有些心虚：关于网络化协同电子战，好像是思考了很多、很久，但每每想要开始动笔时，总感觉还有些东西没有理顺。在这种状态下写关于网络化协同电子战的图书，可能会贻笑大方。因此，这几年以来，除了收集、整理、研究电子战领域内的进展以外，个人还将很大精力放在了学习通信与组网、马赛克战、杀伤链、杀伤网等知识方面。然而，正所谓"隔行如隔山"，作为学习物理专业（而且偏理论）的我，要想在短期内系统学懂这些领域，难度很大。再加上琐碎之事应接不暇，亦无足够时间来系统学习。

写书过程中，也曾有一度想过放弃，毕竟写书与否，并没有人要求，也没有人会关注，仅是个人兴趣而已。但随着手头的资料越来越多、思路越来越明确、逻辑越来越清晰，终于耐不住手痒，迈出了第一步。

如今图书即将付梓，也算给自己一个交代。

至于此书好坏，且待读者评说吧——作为理科生，对此颇看得开。正如诗圣杜甫诗云，"细推物理须行乐，何用浮名绊此身"。随心而已。

从动笔至今，倏忽两年多的光阴已过，岁月如梭、白驹过隙，一致如斯。正式步入电子战领域，也已有近二十年的时间。2017年春节所写小令《清平乐·新年》一首，现在读来，感触依然，稍作修改，以之结尾，以期未来。

清平乐·新年

一梦经年
不复旧模样
双鬓渐繁心渐老
犹记年少狷狂

是非总归虚幻
荣辱毕竟无常
细数廿年一叹
终究不算文章

参考文献

[1] METCALFE B. There oughta be a law[N/OL]. The New York Times,1996-07-15.

[2] GILDER G. Metcalfe's law and legacy[N/OL]. Technology,Forbes ASAP,1993-9-1.

[3] CEBROWSKI A K, GARSTKA J J. Network-centric warfare: Its origin and future[C]// Washington,D.C: U.S. Naval Institute Proceedings,1998.

[4] ROWDEN T, GUMATAOTAO P. Distributed lethality[C]//Washington, D.C: U.S. Naval Institute Proceedings,2015.

[5] 孙义明,薛菲,李建萍. 网络中心战支持技术[M]. 北京: 国防工业出版社,2011.

[6] DOD. Network centric warfare[R/OL]. [2001-7-27]. www.c3i.osd.mil/NCW/.

[7] 张春磊,王一星,吕立可,等. 美军网络化协同电子战发展划代初探[J]. 中国电子科学研究院学报,2022,17(3): 213-217.

[8] 张醒,张旭东. Link-16数据链J序列消息标准研究[J]. 自动化与仪器仪表,2006(4): 81-82,85.

[9] 刘红军,徐永胜. 美军战术数据链消息格式及其特点[J]. 中国电子科学研究院学报,2006,1(3): 291-295.

[10] DOD. Joint technical architecture volume Ⅱ version 6.0[R/OL]. [2003-10]. https://apps.dtic.mil/sti/citations/ADA443892.

[11] US NAVY. Understanding link 16: A guidebook for United States navy and United States marines corps operators[R/OL]. [2004-9]. http://coprod-network.ning.com/photo/albums/understanding-link-16-guidebook-pdf-file.

[12] NSA. Tactical data exchange—Link 11/Link 11B[S]. Stanag: 55119,2001.

[13] NORTHROP GRUMMAN CORPORATION. Understanding voice and data link networking [R/OL]. (2014-12) [2016-8-12]. https://vdocuments.mx/understanding-voice-and-data-link-networking.html?page=1.

[14] 周磊,等. 从伊拉克战争看数据链之重要性[J]. 飞航导弹,2004(2): 19-22.

[15] 骆光明,等. 数据链——信息系统连接武器系统的捷径[M]. 北京: 国防工业出版社,

2008.

[16] Northrop Grumman Corporation. Understanding voice and data link networking[EB/OL].[2013-12]. https://dl.icdst.org/pdfs/files/e90d37a9b93e2e607206320ea07d7ad2.pdf.

[17] Northrop Grumman Corporation. Link 22 guidebook overview[EB/OL].(2010-7)[2013-7].https://www.yumpu.com/en/document/view/41371305/link-22-guidebook-overview-july-2010-second-edition.

[18] NSA. Standard operating procedures for NATO link 22[S]. ADatP-22(A),2006.

[19] NSA. NATO improved link eleven(NILE)—link 22[S]. STANAG N,5522,2006.

[20] 骆光明,等. 数据链——信息系统连接武器系统的捷径[M]. 北京:国防工业出版社,2008.

[21] Northrop Grumman Corporation. Understanding voice and data link networking[R/OL].[2013-12]. http://tacticalnetworks-ngc.com.

[22] NSA. Tactical data exchange—link 16[S].STANAG N,5516,2006.

[23] CLARK B,GUNZINGER M. Winning the airwaves regaining America's dominance in the electromagnetic spectrum[R/OL].(2015-12-1)[2017].https://csbaonline.org/uploads/documents/CSBA6292-EW_Reprint_WEB.pdf.

[24] US Joint Chiefs of Staff. JP 3-85: Joint electromagnetic spectrum operations[EB/ON].[2020-5-22]. https://www.jcs.mil/Portals/36/Documents/Doctrine/pubs/jp3_85.pdf.

[25] 张春磊,等. TTNT数据链综述[J]. 通信电子战,2019(3):14-19.

[26] BURDIN J, D'AMELIA J, IDHAW E. Techniques for enabling dynamic routing on airborne platforms[C/OL]//2009 IEEE Military Communications Conference,October 18-21,2009. https://www.mitre.org/sites/default/files/pdf/09_3230.pdf.

[27] 朱松,常晋聃. 美国海军开展EA-18G无人飞行试验[M]//世界军事电子年度发展报告(2020). 北京:电子工业出版社,2021.

[28] ADAMY D L. 通信电子战[M]. 楼才义,等译. 北京:电子工业出版社,2017.

[29] DEAKIN R S. Battlespace technologies network-enabled information dominance[M]. MA:Artech House,2010.

[30] US Air Force. Department of Defense Fiscal Year(FY)2019 budget estimates[EB/OL].[2018-4]. https://comptroller.defense.gov/Portals/45/Documents/defbudget/fy2019/FY19_

Green_Book.pdf.

[31] DOD. Network centric warfare department of defense report to congress appendix [EB/OL].[2001-7-27]. http://www.dodccrp.org/files/ncw_report/report/ncw_sense.pdf.

[32] L-3. Objectivity/DB platform uniquely satisfies integration program[EB/OL].[2005-11]. https://www.objectivity.com/wp-content/uploads/Objectivity_CS_L3.pdf.

[33] PARK J. Joint pilot Time-Sensitive Target Community Of Interest (TST COI) threads[C]// Net Centric Operations, Interoperability & Systems Integration Conference, 2025, 3.

[34] NEWMAN A. Time sensitive/dynamic targeting analysis techniques and results[C/OL]/ 10th ICCRTS, June 13-16, 2015. https://extendsim.com/images/downloads/papers/logistics-usaf.pdf.

[35] FULGHUM D. Senior scout is subtle spy[J]. Aviation Week & Space Technolog, 2006(1).

[36] EHLY W. PEO IEW&S overview and way ahead[R/OL].[2012-1-27].https://pdf4pro.com/amp/view/peo-iew-amp-s-overview-and-way-ahead-aoc-garden-state-31ff4d.html.

[37] WOZNIAK C T. ACC/C^{2}ISR delivering desired effects on the battlefield[R/OL].[2006-7-25]. https://ndiastorage.blob.core.usgovcloudapi.net/ndia/2006/psa_peo/wozniak.pdf.

[38] 帅博,张岩,王涛. 美军"网络中心协同目标瞄准网络"系统概述[J]. 外军信息战, 2012 (6): 25-27.

[39] 邱洪云,等. 进攻性赛博武器——舒特系统与网络支撑环境[J]. 空间电子技术, 2014 (1): 123-126.

[40] 张春磊.《制胜无形之战》报告解读[M]. 中国电科第三十六研究所, 2019.

[41] CLARK B, PATT D, WALTON T A. Implementing decision-centric warfare: Elevating command and control to gain an optionality advantage[R/OL]. Hudson Institute,(2021-3). http://s3.amazonaws.com/media.hudson.org/Clark%20Patt%20Walton_Implementing%20Decision-Centric%20Warfare%20-%20Elevating%20Command%20and%20Control%20to%20Gain%20an%20Optionality%20Advantage.pdf.

[42] CLARK B, PATT D. Mosaic warfare: Exploiting artificial intelligence and autonomous systems to implement decision-centric operations[R/OL].(2020). https://www.csbaonline.org.

[43] MARTINSEN T, PACE P E, FISHER E L. Maneuver warfare in the electromagnetic battlespace[J]. The Journal of Electronic Defense, 2014(10).

［44］SILVER B A. Break the kill chain, not the budget: How to avoid U.S. strategic retrenchment ［N］. National defense university joint forces staff college joint advanced warfighting school, 2016-10-6.

［45］TIRPAK J. Find, fix, track, target, engage, assess［J］. Air Force Magazine, 2007(7): 24-29.

［46］US JOINT STAFF. Joint publication 3-60: Joint targeting［EB/ON］.(2013-1-31).https://www.justsecurity.org/wp-content/uploads/2015/06/Joint_Chiefs-Joint_Targeting_20130131.pdf.

［47］KASSEBAUM J S. Fighting the kill chain: Concepts and methods of electronic attack［J］. The journal of electronic defense, 2014(5).

［48］BURNS G R, et al. Evaluating artificial intelligence methods for use in kill chain functions ［R/OL］.(2021-12-1).https://apps.dtic.mil/sti/pdfs/AD1164879.pdf.

［49］US ARMY. ATP 3-13.1: The conduct of information operations［R/ON］.(2018-10-4). https://irp.fas.org/doddir/army/atp3-13-1.pdf.

［50］WALKER S J. Managing the net-enabled weapons kill chain testing in a live-virtual-constructive environment［C］//International Test and Evaluation Association(ITEA)Live-Virtual Constructive Conference, 2009, 1: 12-15.

［51］LANGE J. The confluence of electronic warfare and the kill-chain［J］. Royal Canadian Air Force Journal, 2022(1).

［52］LAWRENCE C. Adapting Cross-domain Kill-webs(ACK)［R/OL］.(2018-7-27).https://docplayer.net/95473140-Adapting-cross-domain-kill-webs-ack.html.

［53］FOX N D. Precision electronic warfare［R/ON］.(2009-8-25).https://www.theregister.com/2009/08/25/darpa_prew/.

［54］US Army. FM 3-12: cyberspace and electronic warfare operations.(2017-4).https://irp.fas.org/doddir/army/fm3-12.pdf.

［55］NSA. Tactical data exchange - link 11/link 11B［S］. Stanag, 5511: 2001.

［56］孙继银, 等. 战术数据链技术与系统［M］. 北京: 国防工业出版社, 2007.

［57］DEAKIN R S. Battlespace technologies network-enabled information dominance［M］. MA: Artech House, 2010.

［58］张春磊. 网络中心战反思及网络化电子战［J］. 通信电子战, 2018(6): 5-7.